Thomas Wenisch
Last Minute Biologie

In der Reihe Last Minute erscheinen folgende Titel:

- Last Minute AINS
- Last Minute Anatomie
- Last Minute Arbeitsmedizin
- Last Minute Augenheilkunde
- Last Minute Bildgebende Verfahren
- Last Minute Biochemie
- Last Minute Biologie
- Last Minute Chemie
- Last Minute Chirurgie
- Last Minute Dermatologie
- Last Minute Gynäkologie und Geburtshilfe
- Last Minute Histologie
- Last Minute HNO
- Last Minute Infektiologie
- Last Minute Innere Medizin
- Last Minute Neurologie
- Last Minute Pädiatrie
- Last Minute Pathologie
- Last Minute Pharmakologie
- Last Minute Physik
- Last Minute Physiologie
- Last Minute Psychiatrie
- Last Minute Psychologie und Soziologie
- Last Minute Rechtsmedizin
- Last Minute Urologie

Thomas Wenisch

Last Minute Biologie

1. Auflage

URBAN & FISCHER München

Zuschriften und Kritik an:
Elsevier GmbH, Urban & Fischer Verlag, Hackerbrücke 6, 80335 München
E-Mail: medizinstudium@elsevier.de

Wichtiger Hinweis für den Benutzer

Die Erkenntnisse in der Medizin unterliegen laufendem Wandel durch Forschung und klinische Erfahrungen. Der Autor dieses Werks hat große Sorgfalt darauf verwendet, dass die in diesem Werk gemachten therapeutischen Angaben (insbesondere hinsichtlich Indikation, Dosierung und unerwünschter Wirkungen) dem derzeitigen Wissensstand entsprechen. Das entbindet den Nutzer dieses Werks aber nicht von der Verpflichtung, anhand weiterer schriftlicher Informationsquellen zu überprüfen, ob die dort gemachten Angaben von denen in diesem Buch abweichen und seine Verordnung in eigener Verantwortung zu treffen.
Für die Vollständigkeit und Auswahl der aufgeführten Medikamente übernimmt der Verlag keine Gewähr.
Geschützte Warennamen (Warenzeichen) werden in der Regel besonders kenntlich gemacht ($^{®}$). Aus dem Fehlen eines solchen Hinweises kann jedoch nicht automatisch geschlossen werden, dass es sich um einen freien Warennamen handelt.

Bibliografische Information der Deutschen Nationalbibliothek
Die Deutsche Nationalbibliothek verzeichnet diese Publikation in der Deutschen Nationalbibliografie; detaillierte bibliografische Daten sind im Internet über http://www.d-nb.de abrufbar.

Alle Rechte vorbehalten
1. Auflage 2013

© Elsevier GmbH, München
Der Urban & Fischer Verlag ist ein Imprint der Elsevier GmbH.

13 14 15 16   4 3 2 1

Für Copyright in Bezug auf das verwendete Bildmaterial siehe Abbildungsnachweis.

Das Werk einschließlich aller seiner Teile ist urheberrechtlich geschützt. Jede Verwertung außerhalb der engen Grenzen des Urheberrechtsgesetzes ist ohne Zustimmung des Verlags unzulässig und strafbar. Das gilt insbesondere für Vervielfältigungen, Übersetzungen, Mikroverfilmungen und die Einspeicherung und Verarbeitung in elektronischen Systemen.

Um den Textfluss nicht zu stören, wurde bei Berufsbezeichnungen die grammatikalisch maskuline Form gewählt. Selbstverständlich sind in diesen Fällen immer Frauen und Männer gemeint.

Planung: Julia Baier, Sabine Hennhöfer, Elsevier Deutschland, München
Lektorat: Prinz 5 GmbH, Augsburg
Herstellung: Peter Sutterlitte, Elsevier Deutschland, München
Satz: abavo GmbH, Buchloe/Deutschland; TnQ, Chennai/Indien
Druck und Bindung: Printer Trento, Italien
Umschlaggestaltung: SpieszDesign, Neu-Ulm
Titelfotografie: © GettyImages/Kick Images/Tsoi Hoi Fung

ISBN Print   978-3-437-43069-5
ISBN e-Book 978-3-437-16961-8

Aktuelle Informationen finden Sie im Internet unter www.elsevier.de und www.elsevier.com

Vorwort

Das Medizinstudium umfasst viele Fächer, darunter auch naturwissenschaftliche Grundlagen. Die Biologie zählt als sogenanntes kleines Fach in der ärztlichen Vorprüfung. Hier werden aber wichtige Grundlagen gelegt, für das Verständnis der Biochemie und Physiologie sowie für die spätere berufliche Praxis.
Die Zeit vor einer größeren Zwischenprüfung ist für jeden Studenten eine Phase der Anspannung und Unruhe. Ist die Prüfungsvorbereitung wirklich gut genug? Hat man alle Fächer und relevanten Themengebiete bearbeitet? Mancher stellt fest, dass er etwas, das er zu Beginn der Vorbereitungsphase gelernt und verstanden hatte, jetzt schon wieder vergessen hat.
Oder die Zeit war einfach zu kurz, um für alle Fächer ausreichend zu lernen.
In den letzten Tagen vor dem Prüfungstermin muss der Lehrstoff in sehr kurzer Zeit noch einmal wiederholt werden. Eine knappe und prägnante Zusammenfassung des relevanten Prüfungsstoffs ist jetzt gefragt! Dafür ist die „Last Minute Biologie" dem Leser eine effektive Hilfe und Unterstützung.
Die Gliederung dieses Buchs orientiert sich am Gegenstandskatalog, ohne diesen jedoch vollständig abzubilden. Die Wahl der Schwerpunkte richtet sich nach den aktuellen Prüfungsfragen der letzten Jahre. Häufig gefragten Themen wird mehr Raum gegeben und sie werden eingehender behandelt. Selten Gefragtes wird nur knapp erwähnt oder weggelassen. Als zusätzliche Orientierung sind die Kapitel, wie in der Last-Minute-Reihe üblich, mit verschiedenen Farben entsprechend ihrer Prüfungsrelevanz markiert.
An einem Buch arbeitet nicht nur der Autor alleine. Viele Hände wirken mit, bis das fertige Werk seinen Leser erreicht. Mein besonderer Dank gilt an dieser Stelle Frau Julia Baier und Frau Sabine Hennhöfer vom Elsevier Verlag sowie Frau Andrea Bronberger von der Prinz 5 GmbH. Ohne die konstruktive Zusammenarbeit hätte dieses Buch nicht in seiner jetzigen Form erscheinen können.
Nichts ist perfekt! Für Anregungen, Kritiken und Verbesserungsvorschläge bin ich allen Lesern dankbar. Sie tragen damit nicht nur zur Verbesserung einer Neuauflage bei, sondern helfen auch Ihren zukünftigen Kommilitonen bei der bestmöglichen Prüfungsvorbereitung.
Für Ihre bevorstehende Prüfung wünsche ich Ihnen viel Erfolg!

Dezember 2012   Thomas Wenisch

So nutzen Sie das Buch

Prüfungsrelevanz
Die Elsevier-Reihe Last Minute bietet Ihnen die Inhalte, zu denen in den Examina der letzten 5 Jahre Fragen gestellt wurden. Eine Farbkennung gibt an, wie häufig ein Thema gefragt wurde, d. h. wie prüfungsrelevant es ist:
- Kapitel in violett ● kennzeichnen die Inhalte, die in bisherigen Examina sehr häufig geprüft wurden.
- Kapitel in grün ● kennzeichnen die Inhalte, die in bisherigen Examina mittelmäßig häufig geprüft wurden.
- Kapitel in blau ● kennzeichnen die Inhalte, die in bisherigen Examina eher seltener, aber immer wieder mal geprüft wurden.

Lerneinheiten
① Das gesamte Buch wird in Tages-Lerneinheiten unterteilt. Diese werden durch eine „Uhr" dargestellt: Die Ziffer gibt an, in welcher Tages-Lerneinheit man sich befindet.
① Jede Tages-Lerneinheit ist in sechs Abschnitte unterteilt: Der ausgefüllte Bereich zeigt, wie weit Sie fortgeschritten sind.

Und online finden Sie zum Buch
- Original-IMPP-Fragen.
- Zu jedem Kapitel typische Fragen und Antworten aus der mündlichen Prüfung.

■ **CHECK-UP**
☐ Check-up-Kasten: Fragen zum Kapitel als Selbsttest.

| Merkekasten: wichtige Fakten, Merkregeln. | Zusatzwissen zum Thema, z. B. zusätzliche klinische Informationen. |

Zum Üben stehen Ihnen unter http://www.mediscript-online.de/ alle IMPP-Fragen zur Biologie zur Verfügung (Zugangscode s. vordere innere Umschlagseite). Am Ende jeden Kapitels finden Sie einen direkten Link zu einer Auswahl der jeweils wichtigsten IMPP-Fragen zum Thema auf mediscript online.

Adressen

Dr. Thomas Wenisch
Erzberger Straße 15
63150 Heusendamm

Abbildungsnachweis

Abbildung 1.3 von Henriette Rintelen, alle anderen von Wolfgang Zettlmeier.

Inhaltsverzeichnis

Tag 1 1

1 Allgemeine Zellbiologie 1
   Die Zelle 1
   Die Zellmembran 3
   Der Zellkern 6
   Zytoplasma, Zytosol 9
   Die Ribosomen 9
   Das endoplasmatisches Retikulum 10
   Der Golgi-Apparat 11
   Exozytose 12
   Endozytose 13
   Lysosomen 15
   Peroxisomen 16
   Mitochondrien 16
   Das Zytoskelett 18

2 Zellzyklus und Zellteilung 23
   Der Zellzyklus 23
   Mitose 25
   Meiose 28
   Zelltod 34

3 Signaltransduktion 35

Tag 2 37

4 Molekulare Genetik 37
   Aufbau und Replikation der DNA 37
   DNA-Reparatur 41
   Transkription 42
   Proteinbiosynthese 43
   Kartierung von Genen 46
   Repetitive Elemente 47

5 Vererbungslehre 49
   Die Chromosomen des Menschen 49
   Formale Genetik 51
   Imprinting 57
   Mitochondriale Vererbung 58
   Multifaktorielle Vererbung 58
   Gonosomen, Geschlechtsbestimmung und Differenzierung 59
   Mutationen 60
   Populationsgenetik 62

6 Mikrobiologie 65
   Morphologische Grundformen der Bakterien 65
   Die Bakterienzelle 66
   Bakterienwachstum 69

Inhaltsverzeichnis

    Pilze 70
    Viren 70
    Prionen 72
7 Ökologie 73

Register 75

1 Allgemeine Zellbiologie

- Die Zelle... 1
- Die Zellmembran.. 3
- Der Zellkern... 6
- Zytoplasma, Zytosol... 9
- Die Ribosomen.. 9
- Das endoplasmatisches Retikulum............................ 10
- Der Golgi-Apparat... 11
- Exozytose.. 12
- Endozytose... 13
- Lysosomen.. 15
- Peroxisomen... 16
- Mitochondrien... 16
- Das Zytoskelett.. 18

 Die Zelle

Die Zelle ist das kleinste selbstständig reproduktionsfähige biologische System.
Im Laufe der Evolution haben sich einzelne Zellen zu größeren Organismen zusammengeschlossen. In höheren Organismen nehmen die Zellen jeweils spezialisierte Aufgaben wahr. Entsprechend ihrer Funktionen differenzieren sie sich zu den Zellen spezieller Gewebe und Organe.

Pro- und Eukaryoten

Es existieren zwei grundsätzlich verschieden aufgebaute Zellformen, nach denen alle Organismen in zwei Gruppen eingeteilt werden (→ Tab. 1.1):
- Prokaryoten
- Eukaryoten.

Pro- bzw. Eukaryot leitet sich vom griechischen „karyon" für **Kern** ab. Das „Pro" in Prokaryont steht für vor. Das griechische „Eu" steht für echt, d. h., die Eukaryoten besitzen einen „echten" Zellkern.
In der Literatur werden auch die Bezeichnungen **Eukaryonten** und **Prokaryonten** verwendet. Die Zellen dieser Organismen werden als **Eukaryozyten** oder kurz **Euzyten** bzw. als **Prokaryozyten** oder auch **Prozyten** bezeichnet.

Merkmale der Eukaryozyten sind:
- Ein von einer Membran umschlossener Zellkern
- Das Innere der Zelle ist durch die Membranen des endoplasmatischen Retikulums in Kompartimente aufgeteilt.
- Charakteristische Zellorganellen, z. B. Mitochondrien, sind vorhanden.

Prokaryozyten sind einfacher aufgebaut:
- Sie besitzen keinen Zellkern.
- Das Innere der Zelle ist weniger unterteilt.

Tab. 1.1 Unterschiede zwischen prokaryotischer und eukaryotischer Zelle

	Prozyte	Euzyte
Zellkern	Keiner	Durch Kernmembran von der übrigen Zelle abgegrenzter Zellkern
Chromosomen	Ein ringförmiges „Bakterienchromosom"	Mehr als ein Chromosom im Zellkern
Zellorganellen	Keine	Vorhanden
Durchmesser	~ 1–5 µm	~ 5–100 µm

1 Allgemeine Zellbiologie

- Endoplasmatisches Retikulum und Zellorganellen sind nicht vorhanden.

Zu den Eukaryoten gehören alle höheren mehrzelligen Lebewesen, Pflanzen sowie Pilze. Somit handelt es sich bei allen menschlichen Zellen um Euzyten. Der Durchmesser der Euzyten liegt zwischen 5 und 100 µm.

Die Prokaryoten umfassen im weiteren Sinne alle Arten von Bakterien. Der Durchmesser von Bakterien liegt in der Regel zwischen 1 und 5 µm. Euzyten sind damit etwa 10-mal größer als Prozyten und besitzen das 1.000-fache Volumen.

Endosymbiontentheorie. Zunächst entwickelten sich in der Evolution die Prokaryoten. Dann sind aus diesen die Eukaryoten entstanden. Nach der Endosymbiontentheorie haben einige Prokaryoten andere Einzeller angegriffen, umschlossen und in ihr Inneres aufgenommen. Einige der aufgenommenen Zellen haben als Symbionten im Zellinneren weiterexistiert und sich dort zu an spezifische Aufgaben angepassten Zellorganellen entwickelt.

→ Abb. 1.1 zeigt eine verallgemeinerte Darstellung einer Eukaryotenzelle. Nicht alle der gezeigten Strukturelemente sind in jeder Zelle vorhanden. In einem höheren Organismus haben sich die Zellen entsprechend ihrer Aufgaben differenziert und unterscheiden sich oft stark in ihrer äußeren Gestalt. Die Größe der Zellen kann deshalb stark von den in → Tab. 1.1 angegeben Werten abweichen.

Nachfolgend einige Beispiele für den in → Abb. 1.1 gezeigten Zelltyp:
- Die Zellen der Leber sind relativ groß, etwa 20–30 µm.
- Besonders stoffwechselaktive Zellen sind häufig polyploid, d. h. sie besitzen ein Mehrfaches des kompletten Chromosomensatzes. Etwa die Hälfte der Hepatozyten ist polyploid.
- Die Erythrozyten (roten Blutkörperchen) besitzen keinen Zellkern. Sie haben die bikonkave äußere Form einer abgeflachten und in der Mitte etwas eingedellten Scheibe. Ihr Durchmesser beträgt 7,5 µm.
- Muskelzellen haben eine langgestreckte, spindelförmige Gestalt. Die Fasern der glatten Muskulatur haben eine Läge von etwa 0,05–0,5 mm und jeweils einen Zellkern pro Muskelzelle. Die Fasern der quer gestreiften Mus-

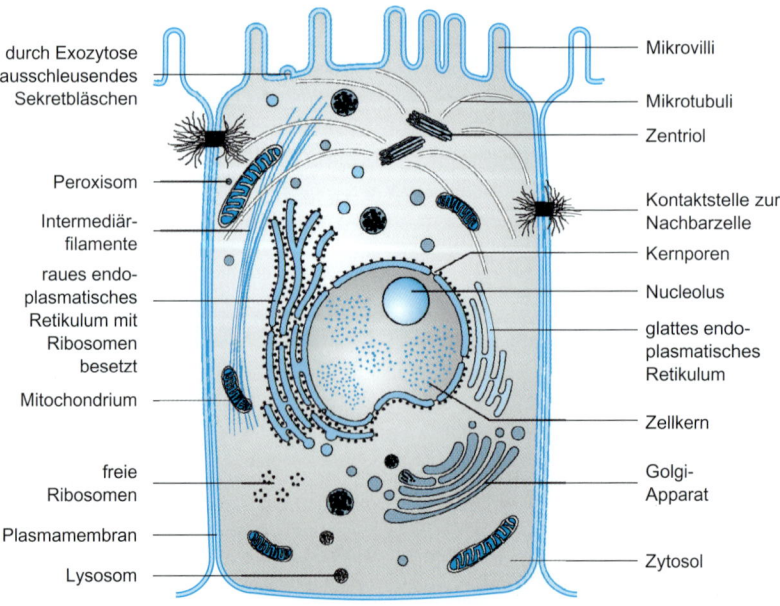

Abb. 1.1 Die Eukaryotenzelle

kulatur erreichen eine Länge bis zu 15 cm und besitzen mehrere Zellkerne.
- Die Gestalt der Neuronen ist besonders auffällig: Aus dem Zellkörper der Nervenzelle gehen zahlreiche baumartige Verzweigungen hervor, die Dendriten und eine lange, fortleitende Faser, das Axon. Die Axone können eine Länge von über einen Meter erreichen.

Strukturelemente der Zelle
Die Zelle wird durch eine **Zellmembran** umhüllt, die den Zellleib, das sogenannte **Zytosom,** gegen die äußere Umgebung abgrenzt. Die Zellmembran ist selektiv für einzelne Stoffe durchlässig und ermöglicht somit den ständigen Stoffaustausch zwischen der Zelle und ihrer Umgebung. Der Bereich zwischen der Zellmembran und dem Zellkern wird vom Zytoplasma ausgefüllt. Das Verhältnis der Volumina von Zellkern und Zytoplasma wird als **Kern-Plasma-Relation** bezeichnet. Die Kern-Plasma-Relation ist abhängig vom jeweiligen Zelltyp, sie liegt meist zwischen 1:7 und 1:10.

Das Zytoplasma enthält weitere Strukturelemente, die Organellen genannt werden. Sie erfüllen spezielle Funktionen. Systeme von Membranen grenzen einzelne Kompartimente des Zytoplasmas gegeneinander ab, sodass verschiedene Stoffwechselprozesse gleichzeitig ablaufen können.

In der Zytologie ist folgende Nomenklatur üblich:
Der Zellleib, das Zytosom, ohne äußere Membran und unter Ausschluss extrazellulärer Produkte wie Knochen oder Knorpelsubstanz wird **Protoblast** genannt. Wird daraus der Zellkern entfernt, bleibt das **Zytoplasma** übrig, das noch die Zellorganellen enthält. Ohne die Zellorganellen verbleibt als Grundsubstanz das **Zytosol.**

Die Strukturelemente der Zelle lassen sich einteilen in:
- Zellkern
- Membranöse Organellen
  - Zellmembran
  - Endoplasmatisches Retikulum
  - Mitochondrien
  - Lysosomen
  - Peroxisomen
  - Golgi-Apparat
- Nichtmembranöse Organellen
  - Ribosomen
  - Mikrofilamente
  - Mikrotubuli
  - Zentriolen
- Fakultative Organellen
  - Zilien
  - Geißeln (Flagellen)

■ CHECK-UP
- ☐ Worin unterscheiden sich Prozyten und Euzyten?
- ☐ Was besagt die Endosymbiontentheorie?
- ☐ Erklären Sie die Begriffe Protoblast, Zytoplasma und Zytosol.
- ☐ In welche Klassen lassen sich die Strukturelemente einer Zelle einteilen?

Die Zellmembran

Aufbau
Die Zellmembran (Plasmamembran, Plasmalemma) grenzt die Zelle nach außen ab. Sie ist eine selektive Barriere, die die Zelle schützt, die Ausbildung eines Ionengradienten zwischen dem Intra- und Extrazellularraum ermöglicht, sowie die Aufnahme von Nährstoffen und Abgabe von Stoffwechselprodukten erlaubt.

> Die Grundstruktur der Zellmembran bildet eine Doppelschicht aus amphipathischen Lipidmolekülen, den **Phospholipiden** und **Glykolipiden.**

Den Hauptanteil bilden die **Phospholipide**. Ihr Verhalten ist amphipathisch. Sie besitzen eine hydrophile Kopfgruppe, bestehend aus Phosphat und Cholin, und zwei hydrophobe, durch Kohlenwasserstoffketten gebildete Schwänze.
In wässrigem Milieu lagern sich die Phospholipide mit einander zugewandten hydrophoben Schwänzen zu einer Doppelschicht zusammen

1 Allgemeine Zellbiologie

(→ Abb. 1.2). Die hydrophilen Kopfregionen zeigen zu beiden Seiten in das wässrige Milieu. Die Dicke dieses Bilayers beträgt etwa 6–10 nm.
Eingelagert in die Membran sind **Glykolipide**, bestehend aus Fettsäureketten und hydrophilen Oligosaccharidketten mit 1–15 Zuckern.

> Die Zellmembran ist asymmetrisch aufgebaut: Die Glykolipide sind nur in die äußere Schicht der Membran eingelagert und die Zuckerstrukturen sind immer zur Außenseite der Zelle gerichtet.

Die Moleküle der Plasmamembran sind gegeneinander verschieblich. Die Membran verhält sich ähnlich wie eine zähe Flüssigkeit. Dies wird mit dem Begriff **Fluid-Mosaic-Model** beschrieben.
In die Plasmamembran sind **Membranproteine** eingelagert, die in die Membran eintauchen oder sie ganz durchringen können. Die Membranproteine sind innerhalb der Membran verschiebbar. Auf der extrazellulären Seite sind die Membranproteine häufig glykolysiert.
Membranen eukaryotischer Zellen enthalten einen hohen Anteil an **Cholesterin**. Die zwischen die Phospholipidmoleküle eingelagerten Cholesterinmoleküle sind für die Stabilisierung der Membranfluidität verantwortlich.
Die Membranlipide und -proteine werden im **endoplasmatischen Retikulum** synthetisiert und im **Golgi-Apparat** modifiziert.

Glykokalix

Die Glykokalix bildet eine Schicht verschiedener Polysaccharide, die die Außenseite der Zelle überzieht (→ Abb. 1.3). Sie ist art- und zellspezifisch.
Die Bestandteile der Glykokalix wirken als Antigene. Ein Beispiel für die Zellerkennung aufgrund der Merkmale der Glykokalix sind die Blutgruppenantigene.

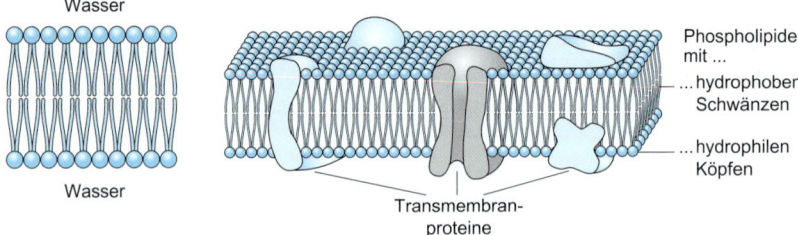

Abb. 1.2 Künstliche Lipiddoppelschicht (links) und das Fluid-Mosaic-Model einer Biomembran mit in die Doppelschicht eingelagerten Membranproteinen (rechts)

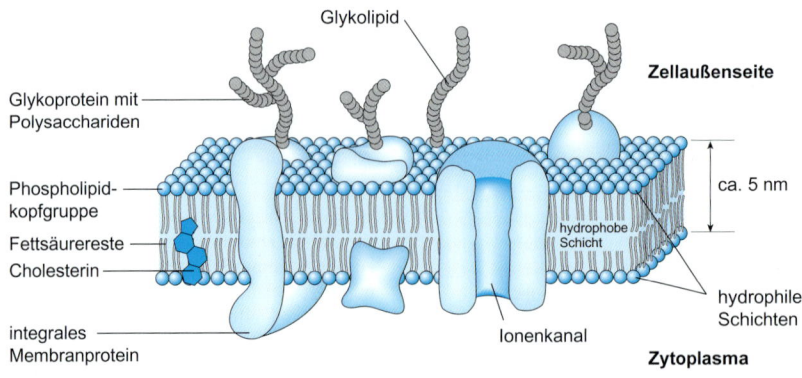

Abb. 1.3 Feinstruktur der Plasmamembran einer tierischen Zelle

Membranproteine

Spezielle Aufgaben der Zellmembran werden durch die darin eingelagerten Proteine bestimmt (→ Abb. 1.3). **Periphere Proteine** lagern sich an der Innen- oder Außenseite der Membran meist an andere Membranproteine an. **Integrale Proteine,** die in die Membran eingelagert sind, besitzen hydrophobe Bereiche, mit denen sie in die Membran eintauchen und hydrophile Regionen, die an einer oder zu beiden Seiten aus der Membran herausragen.

Funktionen der Membranproteine sind:
- **Verbindung** zu Zytoskelett und extrazellulärer Matrix.
- **Transport:** Ein Transmembranprotein kann einen hydrophilen Kanal durch die Membran bilden. Der Kanal ist selektiv für bestimmte Substanzen durchlässig.
- **Enzymaktivität:** Membranproteine können als Enzyme fungieren. Das aktive Zentrum des Proteins ist zum benachbarten wässrigen Milieu hin gerichtet. Häufig fungieren unterschiedliche, nahe beieinanderliegende Membranenzyme als Multienzymkomplex, der mehrere aufeinanderfolgende Schritte eines Stoffwechselwegs katalysiert.
- **Signalübertragung:** Einige Proteine fungieren als ligandenabhängige Rezeptoren, z. B. für Hormone.
- **Zellerkennung:** Glykoproteine dienen als spezifische Merkmale, die von anderen Zellen erkannt werden.
- **Zellverbindung:** Verbindungen der Membranproteine benachbarter Zelle stellen verschiedene Arten von Zellkontakten her.

Membrankontakte

In mehrzelligen Organismen verbinden sich Zellen zu größeren funktionsfähigen Komplexen. Es werden die in → Abb. 1.4 schematisch dargestellten Zellverbindungen unterschieden:
- **Tight Junction** dienen zur Abdichtung der Zellen des Epithelgewebes.
- **Gap Junction** ermöglichen über kleine Kanäle interzelluläre Kommunikation.
- **Desmosomen** stellen eine punktförmige Haftverbindung zwischen Zellen dar.

Intrazellulärer Spalt. Normalerweise sind die Zellen eines Geweberbands durch einen etwa 10–20 nm breiten interzellulären Spalt voneinander getrennt.

Zonula adhaerens. Als Zonula adhaerens wird ein Bereich bezeichnet, in dem die Zellen über eine klebstoffartige Wirkung der interzellulären Substanz mechanisch fest miteinander verbunden sind, aber trotzdem ein kleiner interzellulärer Spalt verbleibt.

Tight Junction. Tight Junction (Zonulae occludentes, Verschlusskontakt) sind gürtelförmige Nähte um die Zelle, an denen die Membranen benachbarter Zellen sozusagen „verschmelzen". Epithelzellen von Dünndarm, Blase, Niere und der Gehirngefäße sind auf diese Weise miteinander verbunden. Die Abdichtung verhindert, dass Extrazellulärflüssigkeit zwischen den Zellen hindurch an die Oberfläche des Epithels austritt.

Gap Junction. Gap Junction (Nexus, Kommunikationskontakt) koppeln die Zellen elektrisch und metabolisch. Durch die direkte Kommunikation werden Signale zwischen den Zellen besonders schnell übertragen. Das Membranprotein **Connexin** bildet einen innen hohlen, transmembranen Zylinder. Diese röhrenförmigen Poren erlauben den Durchtritt von Salzen, Zuckern, Aminosäuren und anderen kleinen Molekülen bis zu einem Molekulargewicht von etwa 2.000 Dalton.

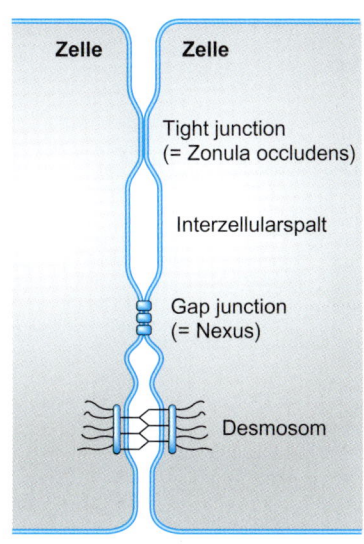

Abb. 1.4 Zell-Zellkontakte tierischer Zellen: Tight Junction, Gap Junction und Desmosom

1 Allgemeine Zellbiologie

Desmosomen. Desmosomen (Maculae adhaerens) sind punktförmige Haftverbindungen in Geweben, die stärkerer mechanischer Beanspruchung ausgesetzt sind. Der Interzellularspalt ist an diesen Stellen mit 25 nm etwas verbreitert und die Zellmembran beinhaltet transmembranöse Proteine: **Desmogleine** und **Desmocilline**. An den Desmosomen sind Intermediärfilamente aus Keratin verankert, die eine Verbindung zum Zytoskelett herstellen.

Hemidesmosomen. Hemidesmosomen haben die äußere Form eines halben Desmosoms, sie sind aber aus anderen Proteinen aufgebaut. Hemidesmosomen heften die Zellen an eine extrazelluläre Matrix, z. B. die Zellen eines Epithels an die Basalmembran.

Transportmechanismen

Bei der **Diffusion** durchdringen Moleküle die Zellmembran entlang eines Konzentrationsgefälles. Die Lipiddoppelschicht der Zellmembran ist durchlässig für kleine ungeladene Moleküle wie H_2O oder CO_2, aber auch für hydrophobe fettlösliche Moleküle, z. B. Steroidhormone.

Bei der **gerichteten Diffusion** sind die Moleküle an einen Carrier gebunden und werden zusammen mit diesem durch die Membran transportiert. Dieser Vorgang tritt in der Zelle mit oder ohne ATP-Verbrauch auf.

Für geladene Moleküle oder Makromoleküle ist die Zellmembran dagegen undurchlässig. Hier sind für den Transport spezielle **Membrantransportproteine** notwendig:
- Im einfachsten Fall bildet ein Kanalprotein eine Art Tunnel.
- Carrier-Moleküle binden Ionen oder Moleküle und transportieren sie durch die Membran.

Passiver Transport. Beim passiven Transport diffundieren niedermolekulare Verbindungen wie Zucker und Aminosäuren ohne Energieverbrauch durch einen Transportkanal.

Aktiver Transport. Der aktive Transport erfolgt gegen einen Konzentrationsgradienten und erfordert daher Energie. Die notwendige Energie wird durch Hydrolyse von ATP oder auch durch Kotransport entlang eines Gradienten gewonnen. Beispiel für den aktiven Transport ist die Na^+/K^+-Pumpe. Die Energie der ATP-Hydrolyse wird benutzt, um Na^+ gegen das Konzentrationsgefälle aus der Zelle heraus und K^+ hinein zu befördern.

> ■ **CHECK-UP**
> ☐ Beschreiben Sie den Aufbau der Zellmembran.
> ☐ Was beschreibt das Fluid-Mosaic-Model?
> ☐ Was ist die Glykokalix?
> ☐ Welche Funktionen erfüllen die Memranproteine?
> ☐ Welche Arten von Zell-Zellkontakten kennen Sie? Welche Funktionen erfüllen sie und wie sind die Kontaktstellen aufgebaut?
> ☐ Welche Transportmechanismen kennen Sie?

Der Zellkern

Lokalisation und Funktion

Im **Nukleus** (Zellkern, → Abb. 1.5) befindet sich die genetische Information der Zelle. Dort ist die Hauptmenge der DNA lokalisiert. Außerhalb des Zellkerns ist DNA nur noch in den Mitochondrien, bei Pflanzen in den Chloroplasten zu finden.

Im Zellkern finden die Replikation und die Transkription der DNA statt.

Der Durchmesser des Zellkerns der Eukaryontenzelle beträgt etwa 5 μm. In der Regel hat jede Zelle einen Zellkern. Eine Ausnahme bilden die reifen Erythrozyten, die keinen Zellkern mehr aufweisen. Einige Zellen sind mehrkernig, das betrifft Leberzellen, manche Nervenzellen sowie die Fasern der Skelettmuskulatur und die knochenabbauenden Osteoklasten.

Der Inhalt des Zellkerns wird als **Karyoplasma** bezeichnet. Das Kerninnere ist vom Zytoplasma durch eine **Kernhülle** getrennt.

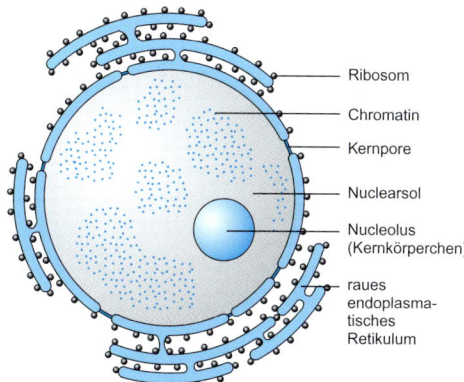

Abb. 1.5 Der Zellkern mit dem endoplasmatischen Retikulum

Die Kernhülle

Die Kernhülle ist eine Doppelmembran. Jede Membran besteht aus einer Lipiddoppelschicht mit darin eingelagerten Proteinen. Die äußere Kernmembran geht in das Membransystem des endoplasmatischen Retikulums (ER) über. Sie ist wie die Membran des rauen endoplasmatischen Retikulums (rER) mit Ribosomen besetzt.
Der Raum zwischen beiden Membranen der Kernhülle beträgt etwa 20–40 nm. Er wird als **Perinuklearzisterne** bezeichnet und steht direkt mit den Hohlräumen des endoplasmatischen Retikulums in Verbindung.
Die Kernhülle weist **Kernporen** mit einem Durchmesser von etwa 100 nm auf. Die Kernporen werden von Proteinkomplexen gebildet. Innere und äußere Kernmembran gehen an den Rändern der Kernporen ineinander über. Der Durchmesser der zentralen Pore beträgt etwa 40 nm. Die Innenseite der Kernhülle ist von der **Kernlamina,** einem netzartigen Geflecht von Proteinfasern bedeckt.
Über die Poren der Kernhülle können kleine wasserlösliche Moleküle zwischen Zytoplasma und dem Karyoplasma diffundieren. Für Makromoleküle existieren selektive, aktive Transportmechanismen.
Die Proteine des Karyoplasmas stammen alle aus dem Zytoplasma. Die direkte Verbindung zwischen dem Kern und den Kanälen des endoplasmatischen Retikulums ermöglicht den schnellen Transport von am ER synthetisierten Proteinen in den Kern. Enzyme zur Nukleinbiosynthese wie DNA- und RNA-Polymerasen sowie Histone zur Strukturierung neusynthetisierter DNA werden in den Kern transportiert. Aus dem Kern heraus werden RNA und neugebildete Ribosomenuntereinheiten transportiert.

> Die Kernhülle trennt die aufeinanderfolgenden Prozesse Transkription und Translation der Proteinbiosynthese räumlich voneinander. Diese Trennung ermöglicht eine posttranskriptionelle Modifizierung der angefertigten RNA.

Kernlokalisationssignale. Kernlokalisationssignale sind Aminosäuresequenzen in Proteinen, die den aktiven Transport des Proteins in den Zellkern vermitteln. Modifikationen dieser Kernlokalisationssignale, etwa durch Phosphorylierung, können den aktiven Kerntransport unterbinden. Die Proteine verbleiben dann im Zytoplasma, wo sie unter Umständen andere Funktionen ausüben. Durch die unterschiedliche Lokalisationen und Funktionen einiger Proteine findet eine Signalübermittlung zwischen Zytoplasma und dem Zellkern statt.

Der Nucleolus

Der Nucleolus (Kernkörperchen) ist ein Bereich im Zellkern, der große DNA-Schleifen enthält. Er besitzt keine eigene Membranhülle. Nach Färbung ist er im Lichtmikroskop im Inneren des Zellkerns erkennbar. Im Nucleolus wird ribosomale RNA mit hoher Geschwindigkeit transkribiert. Die gebildete rRNA

1 Allgemeine Zellbiologie

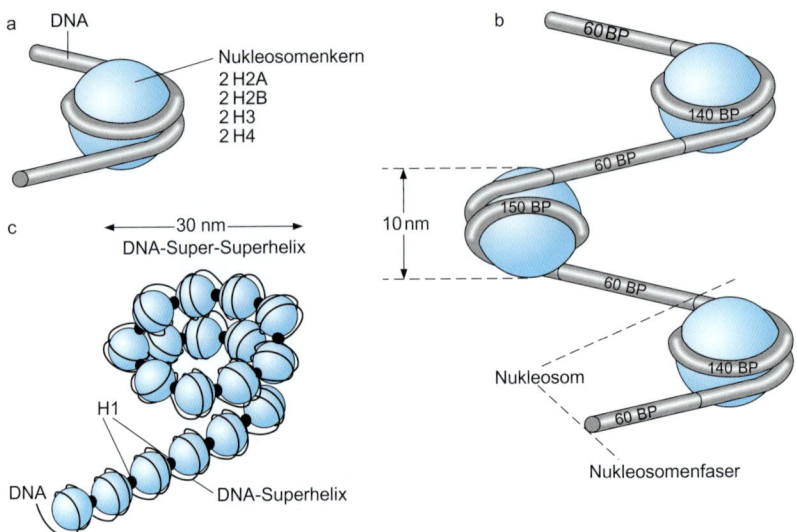

Abb. 1.6 a) Aufbau des Chromatins: Nukleosom mit Histonkugel und herumgewundenem DNA-Strang **b)** perlschnurartige Nukleosomenkette **c)** DNA-Superhelix und Super-Superhelix

assoziiert mit aus dem Zytoplasma kommenden ribosomalen Proteinen zu Vorstufen der Ribosomen-Untereinheiten.

Der Nucleolus bildet sich an charakteristischen Stellen der Chromosomen, den sogenannten **Nucleolus Organizer Regions** (NOR), die Cluster von Genen ribosomaler RNA enthalten.

Es können abhängig von der Organismenart und dem Entwicklungsstadium der Zelle mehrere Nucleoli existieren. Die Nucleoli werden während der Zellteilung aufgelöst und danach wieder neu gebildet. In der Mitose sind die Nucleolus Organizer Regions als sekundäre Einschnürungen an den Chromosomen zu erkennen. Sie finden sich an den akrozentrischen Chromosomen 13, 14, 15, 21 und 22.

Das Chromatin

Die DNA ist in Form von Chromatin organisiert. Nur während der Zellteilung verdichtet sich das Chromatin, sodass getrennte Strukturen, die Chromosomen, unterscheidbar werden.

Das Chromatin besteht aus der DNA und darin eingelagerten basischen Proteinen, den **Histonen.**

Es werden 5 Histonsorten unterschieden: H1, H2A, H2B, H3 und H4. Je zwei Untereinheiten H2A, H2, H3 und H4 bilden ein Oktamer, dessen kugelförmige Quartärstruktur zwei umlaufende Rillen aufweist. In diese Rillen legt sich ein DNA-Strang von 140 Basenpaaren (bp) Länge. Der Faden läuft dann 60 bp weiter, bevor er auf die nächste Histonkugel aufgespult wird (→ Abb. 1.6a).

So entsteht ein perlschnurartiges Gebilde. Seine kleinste Einheit ist das **Nukleosom,** das aus einem DNA-Faden von insgesamt 200 bp Länge und den Histonen H2A, H2B, H3 und H4 besteht (→ Abb. 1.6b). Zwischen den Nukleosomen lagern sich die H1-Histone an.

Durch nochmalige Spiralisierung entsteht eine **DNA-Superhelix** und daraus eine Super-Superhelix (→ Abb. 1.6c).

Man unterscheidet zwischen Euchromatin und Heterochromatin. Das locker verteilte **Euchromatin** ist weitgehend entspiralisiert. An diesen aktiven Bereichen des Genoms wird die Erbinformation transkribiert. Das dichter gepackte **Heterochromatin** kann nicht abgelesen werden und wird deshalb als inaktives Genmaterial bezeichnet.

CHECK-UP

- ☐ Beschreiben Sie den Aufbau des Zellkerns und der Kernlamina.
- ☐ Welche Funktion haben die Kernporen?
- ☐ Was geschieht im Nucleolus?
- ☐ Was versteht man unter NOR, an welchen Chromosomen sind sie zu finden?
- ☐ Beschreiben Sie den Aufbau des Chromatins.
- ☐ Was sind Histone?

Zytoplasma, Zytosol

Das Zytoplasma enthält die Zellorganellen und die Bausteine des Zytoskeletts. Seine Grundsubstanz ohne Organellen und Zytoskelett ist das Zytosol.

Das **Zytosol** ist eine halbflüssige, gelatineartige Masse, die zu etwa 20 % aus Proteinen besteht. Es nimmt etwa 55 % des gesamten Zellvolumens ein.

Im Zytosol findet ein großer Teil des Zellstoffwechsels statt:
- Biosynthese von Aminosäuren, Zuckern, Nukleotiden und Fettsäuren.
- Anaerobe Glykolyse und Gluconeogenese.
- Synthese von Proteinen an freien Ribosomen.
- Speicherung von Fettsäuren in Form von Triacylglycerinen (Triglyzeride) und Glukose in Form von Glykogen.
- Abbau von Proteinen.

CHECK-UP

- ☐ Wie ist das Zytoplasma aufgebaut?
- ☐ Welche Prozesse des Zellstoffwechsels finden im Zytoplasma statt?

Die Ribosomen

Die Ribosomen sind die wichtigsten nichtmembranösen Zellorganellen. An ihnen erfolgt die **Proteinbiosynthese**. Ribosomen bestehen aus ribosomaler RNA und Proteinen und zählen deshalb zu den **Ribonukleoproteinen.** Sie haben einen Durchmesser von 10–25 nm.

Ribosomen kommen in zwei Bereichen des Zytoplasmas vor:
- **Freie Ribosomen** sind frei im Zytoplasma verteilt.
- **Membrangebundene Ribosomen** sind an die Außenseite des endoplasmatischen Retikulums (rER) oder der Kernmembran gebunden.

Proteine unterscheiden sich in ihrer Funktion, abhängig davon, ob sie an freien oder gebundenen Ribosomen synthetisierte wurden:

- An freien Ribosomen gebildete Proteine werden von der Zelle selbst benötigt, z. B. Enzyme, die Stoffwechselvorgänge im Zytoplasma katalysieren.
- Membrangebundene Ribosomen synthetisieren Proteine für den Einbau in Membranen und Zellorganellen. Sie bilden auch sekretorische Proteine die später in Vesikel verpackt und aus der Zelle ausgeschleust werden.

Ein funktionsfähiges Ribosom setzt sich aus **zwei Untereinheiten** zusammen:
- Bei **Eukaryoten** aus einer **60S-** und einer **40S-Einheit,**
- Bei **Prokaryoten** aus einer **50S-** und einer **30S-Einheit.**

1 Allgemeine Zellbiologie

S steht für die Einheit Svedberg, die die Sedimentationseigenschaften eines Partikels bei der Zentrifugation beschreibt.

> 60S- und 40S-Untereinheiten bilden die **80S-Ribosomen** der Eukaryoten.
> 50S- und 30S-Untereinheit bilden die **70S-Ribosomen** der Prokaryoten.

In den Mitochondrien kommen spezielle Ribosomen vor. Diese mitochondrialen Ribosomen (mt-Ribosomen) ähneln den Ribosomen der Prokaryoten.

An den Ribosomen findet die Translation statt. Die kleine und die große Untereinheit des Ribosoms bilden zusammen mit der mRNA einen Initiationskomplex mit dem die Proteinsynthese startet. Der Basencode der mRNA wird dann in die Aminosäuresequenz des Proteins übersetzt (Translation). Es können viele Ribosomen an einem mRNA-Strang angelagert sein, die gleichzeitig mehrere Ketten eines Polypeptids synthetisieren. Ein solches Gebilde wird als **Polysom** bezeichnet.

■ CHECK-UP
- ☐ Welche Proteine werden an freien, welche an membrangebundenen Ribosomen gebildet?
- ☐ Aus welchen Untereinheiten bestehen eukaryotische, aus welchen prokaryotische Ribosomen?

Das endoplasmatisches Retikulum

Das endoplasmatisches Retikulum (ER, → Abb. 1.7) durchzieht das Zytosol der Zelle und besteht aus einem Geflecht von Membranröhren und -säcken, die sich zu Zisternen erweitern. Es bildet ein eigenes Stoffwechselkompartiment und dient als Kanalsystem für den intrazellulären Transport und als Reservoir für den Auf- und Abbau von Membranen.
Das **ER-Lumen,** ist das Innere dieses Kanalsystems. Es ist durch die Membran des ER vom Zytosol getrennt, steht aber, weil die ER-Membran direkt in die Kenmembran übergeht, mit dem perinukleären Raum in Verbindung.

Das endoplasmatische Retikulum lässt sich in zwei Bereiche unterschiedlicher Funktion einteilen:
- Das **raue endoplasmatische Retikulum** (rER) ist an seiner Außenseite mit Ribosomen besetzt.
- Das **glatte endoplasmatische Retikulum** trägt auf der dem Zytosol zugewandten Seite keine Ribosomen.

Raues endoplasmatisches Retikulum
Hier werden folgende Proteine produziert:
- **Membranproteine:** Das rER wächst durch Einlagerung neuer Phospholipid- und Proteinmoleküle. Die wachsende Membran kann in Form von Tranportvesikeln an andere Orte in der Zelle geleitet werden.
- **Sekretorische Proteine,** meist Glykoproteine, werden im Inneren des ER synthetisiert. Sie sind durch die ER-Membran vom Zytosol getrennt und werden in kleinen Membranabschnürungen, den Tranportvesikeln, aus der Zelle ausgeschleust.
- **Lysosomale Proteine,** im Inneren des ER gebildet, werden ebenfalls in Vesikeln ausgeschleust.

Die Zelle unterscheidet, welche Proteine an freien Ribosomen und welche am rER synthetisiert werden sollen. Die mRNA, die für sekretorische Proteine kodiert, enthält eine Sequenz, die für 15–20 meist hydrophoben Aminosäuren kodiert.

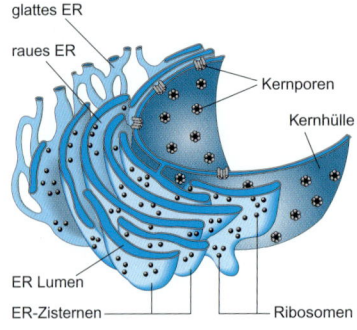

Abb. 1.7 Endoplasmatisches Retikulum

Diese **Signalpeptide** markieren das N-terminale Ende des Proteins. Diese Sequenz wird von einem **Signalerkennungspartikel** (SRP = Signal Recognition-Particle) aus dem Zytosol erkannt, der das Ribosom über spezifische SRP-Rezeptoren an das endoplasmatische Retikulum anheftet. Der SRP löst sich wieder ab und das Ribosom wird an einen Komplex aus drei Transmembranproteinen gebunden. Dieser Translokalisationskomplex hat die Form eines Tunnels, in den die am Ribosom wachsende Polypeptidkette hineingeführt wird. Somit wächst das Protein direkt in das Lumen des ER hinein.

Glattes endoplasmatisches Retikulum
Das glatte endoplasmatische Retikulum ist an folgenden Stoffwechselvorgängen beteiligt:
- **Synthese von Phospholipiden:** Die Membranphospholipide werden gleich nach ihrer Synthese in die Membran integriert.
- **Synthese der Steroidhormone:** Auf die Steroidproduktion spezialisierte Zellen, wie die in den Hoden bzw. Eierstöcken, besitzen vergleichsweise große Mengen an glattem ER.
- **Detoxifikation** (Entgiftung): Körperfremde Substanzen (Xenobiotika) und Metaboliten des Stoffwechsels werden durch Enzyme des glatten ER abgebaut.
- **Ca^{2+}-Speicherung:** In Muskelzellen pumpt das glatte ER (sarkoplasmatisches Retikulum) Kalziumionen aus dem Zytosol in das ER-Lumen. Bei Erregung der Muskelzelle, strömen die Ca^{2+}-Ionen durch die Membran des ER zurück ins Zytosol und setzen dort die Kontraktion in Gang.
- **Glukoneogenese:** Beim Abbau von Glykogen (Glykogenolyse) entsteht Glukose-6-phosphat, das jedoch die Zellmembran nicht passieren kann. Ein in die Membran des glatten ER eingelagertes Enzym spaltet die Phosphatgruppe ab, sodass die Glukosemoleküle die Zelle verlassen können.

■ CHECK-UP
- ☐ Wie ist das endoplasmatische Retikulum aufgebaut?
- ☐ Welche Proteine werden am rauen endoplasmatischen Retikulum synthetisiert?
- ☐ Welche Funktion hat das glatte endoplasmatische Retikulum?

Der Golgi-Apparat

Der Golgi-Apparat (Golgi-Komplex) besteht aus abgeflachten, durch Membranen begrenzten Hohlräumen (→ Abb. 1.8). Fünf bis zehn dieser flachen Zisternen (Sacculi) bilden jeweils einen als **Diktyosom** bezeichneten Stapel.
Die Diktyosomen weisen in Struktur und Funktion eine **Polarität** auf, es lässt sich eine konkave cis- und eine konvexe trans-Seite unterscheiden. Das Diktyosom ist mit seiner cis-Seite dem endoplasmatischen Retikulum oder dem Zellkern zugewandt. Auf beiden Seiten des Golgi-Komplexes ist die jeweils äußerste Zisterne an ein komplexes Netzwerk aus membranösen Bestandteilen, miteinander verbundenen Kanälen und Vesikeln angeschlossen.
Die Hauptaufgabe des Golgi-Apparats ist die Modifikation von Proteinen und Lipiden, die aus dem endoplasmatischen Retikulum in die Zisternen des Golgi-Apparats gelangen.

Im Golgi-Apparat erfolgt auch die Synthese von Glykolipiden und Polysacchariden.
Stoffgefüllte Transportvesikel schnüren sich vom ER ab und verschmelzen mit dem cis-Netzwerk des Golgi-Komplexes.
Die Produkte des ER werden auf dem Weg durch den Golgi-Apparat in mehreren Stufen modifiziert und für ihren weiteren Weg sortiert.
Im Golgi-Apparat durchgeführte Modifikationen sind:
- Glykosylierung
- Sulfatierung
- Abspaltung von Polypeptidketten, z. B. bei Insulin
- Markierung lysosomaler Proteine mit Mannose-6-phospat (M6P).

Auf der trans-Seite schnüren sich mit den modifizierten Molekülen gefüllte Vesikel ab und wandern zu verschiedenen Bestimmungsorten in-

1 Allgemeine Zellbiologie

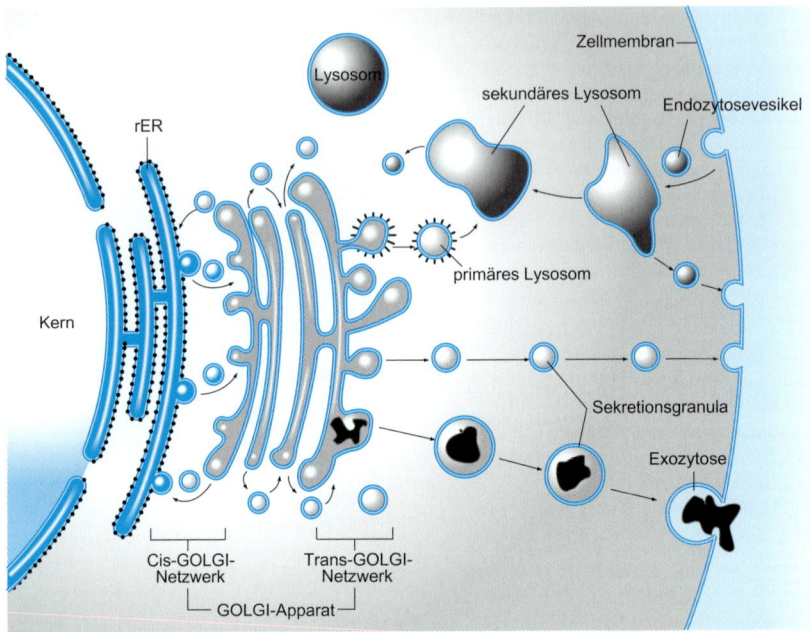

Abb. 1.8 Golgi-Apparat

nerhalb der Zelle. Die Vesikel sind entsprechend ihrem Bestimmungsort gekennzeichnet:
- Vesikel für den intrazellularen Transport tragen den Proteinkomplex **Coatomer**.
- Zur Exozytose vorgesehene Vesikel sind dagegen mit dem Protein **Clathrin** überzogen. Hydrolasen verbleiben mit den Vesikeln als **Lysosomen** in der Zelle.

■ CHECK-UP
☐ Beschreiben Sie den Aufbau des Golgi-Apparats.
☐ Welche Aufgaben hat der Golgi-Apparat?

 Exozytose

Vom Golgi-Komplex abgeschnürte **Transportvesikel** wandern entlang der Fasern des Zytoskeletts zur Zellmembran. Beide Membranen verschmelzen und dabei wird der Inhalt der Vesikel in den Extrazellulärraum entleert. Auf diese Weise werden Makromoleküle der Zelle ausgeschleust. Der Vorgang wird als **Exozytose** bezeichnet (→ Abb. 1.9).
Es werden zwei Hauptformen der Exozytose unterschieden: die konstitutive und die regulierte Exozytose.

Konstitutive Exozytose
Konstitutive Exozytose ist der ständige Fluss von Vesikeln aus dem trans-Golgi-Netz zur Zellmembran. Es werden kontinuierlich Proteine ausgeschleust.

Regulierte Exozytose
Regulierte Exozytose ist ein Mechanismus in Zellen, die auf Sekretion spezialisiert sind. In der Nähe der Zellmembran sammeln sich sekretorische Vesikel an. Erst auf ein Signal hin wird der Inhalt der sekretorischen Vesikel nach außen abgegeben.

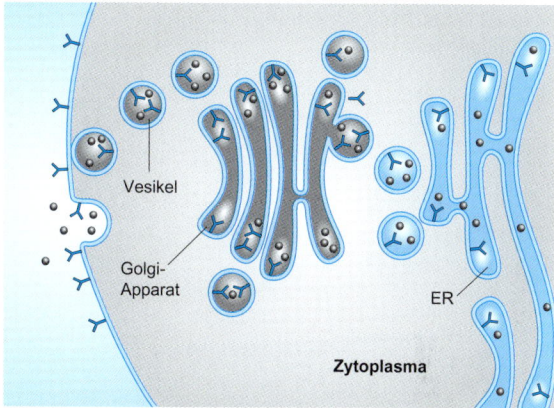

Abb. 1.9 Exozytose

Die regulierte Exozytose wird durch Annexine, eine Klasse kalziumbindender Proteine, induziert.

Apozytose
Der Exozytose verwandt ist die Apozytose. Als Apozytose wird die Abschnürung von Vesikeln oder die Abspaltung von ganzen Zellteilen bezeichnet. Hier werden aus der Plasmamembran Vesikel gebildet, die Stoffe aus dem Zytoplasma in den Extrazellulärraum transportierten. Apozytose findet statt:

- In den apokrinen Drüsen, d. h. bei der Sekretion von Milchfett in den Milchdrüsen oder Duftstoffen in den Schweißdrüsen.
- Beim Ausstoßen des Zellkerns bei der Reifung der Erythrozyten.
- Beim Ausschleusen von Viruspartikeln.
- Bei der Bildung von Matrixvesikeln bei der Kalzifizierung von Knochen und Zähnen.

■ CHECK-UP
☐ Beschreiben Sie die Vorgänge der Exozytose.

 ## Endozytose

Durch Endozytose nimmt eine Zelle Makromoleküle oder größere Partikel auf. Die Endozytose kann als Umkehrung der Exozytose angesehen werden.
Sie beginnt mit der Einstülpung der Plasmamembran. Es bilden sich Vesikel, die entlang des Zytoskeletts weiter in das Zellinnere wandern. Die bei der Endozytose gebildeten Vesikel werden als **Endosomen** bezeichnet.
Es werden drei Formen der Endozytose unterschieden:
- Rezeptorvermittelte (spezifische) Endozytose,
- Pinozytose und
- Phagozytose.

Rezeptorvermittelte Endozytose
Rezeptorvermittelte Endozytose dient der selektiven Aufnahme von Stoffen in einer angereicherten, hohen Konzentration. An der Oberfläche der Zelle befinden sich stoffspezifische Rezeptorproteine. An dicht mit Rezeptoren besetzten Stellen der Zelloberfläche wird eine wesentlich höhere Stoffkonzentration erreicht als in der freien extrazellulären Flüssigkeit.
Auf der Innenseite der mit Rezeptoren besetzten Regionen der Plasmamembran lagert sich ein Geflecht des Proteins **Clathrin** an. Nachdem die Rezeptoren von ihren Zielmolekülen besetzt wurden, dellt sich die Plasmamembran ein und es bilden sich die sogenannten **Coated Pits** oder Stachelsaumgruben (→ Abb. 1.10).

1 Allgemeine Zellbiologie

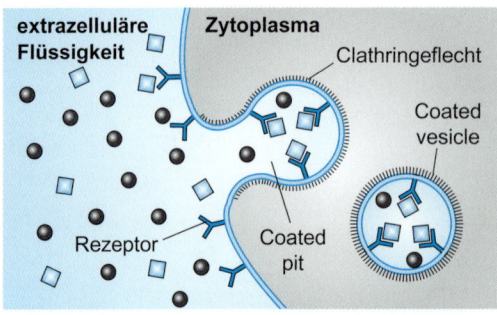

Abb. 1.10 Rezeptorvermittelte Endozytose

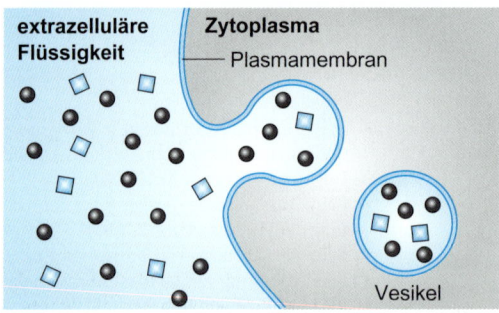

Abb. 1.11 Pinozytose

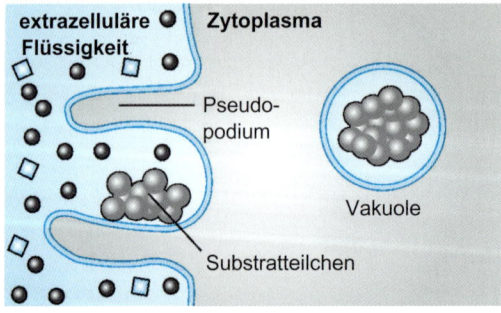

Abb. 1.12 Phagozytose

Nach dem Abschnüren des Endosoms wird die Innenseite der Zellmembran zur Außenseite des Endosoms. Das Äußere des Vesikels ist mit einem Geflecht aus Clathrin überzogen. Man spricht deshalb von **Coated Vesicles** oder **Stachelsaumvesikeln.**

Pinozytose

Pinozytose ist eine unspezifische Aufnahme extrazellulärer Flüssigkeit und der darin gelösten Substanzen. Kleine Membranvesikel schleusen einen Tropfen der extrazellulären Flüssigkeit ein (→ Abb. 1.11). Konzentration und Zusammensetzung des Vesikelinhalts gleichen dem extrazellulären Milieu.

Phagozytose

Phagozytose ist die Aufnahme von Partikeln in die Zelle. Zur Phagozytose fähig sind amöboid bewegliche Fresszellen. Dies sind im Immunsystem Makrophagen, Monozyten und Granulozyten. Die Membran der Fresszelle bildet Ausstülpungen, sogenannte **Pseudopodien,** die den Fremdkörper umschließen und in das Zellinnere aufnehmen (→ Abb. 1.12).
Das Vesikel mit dem inkorporierten Partikel kann eine beträchtliche Größe erreichen. Große Vesikel (> 250 nm) werden als **Vakuolen** bezeichnet.

Im Zytoplasma verschmilzt die Vakuole mit mehreren Lysosomen, deren Hydrolasen den Partikel dann verdauen.
Die Phagozytose spielt eine wichtige Rolle bei der Abwehr von Bakterien und der Beseitigung von Fremdstoffen.

Transzytose
Werden Stoffe durch eine Zelle hindurch geschleust, so werden sie auf der einen Seite der Zelle aufgenommen und auf der anderen Seite wieder abgegeben. Diese Kombination aus Endozytose und Exozytose wird als **Transzytose** bezeichnet.

■ CHECK-UP
- [ ] Beschreiben Sie die Vorgänge der Endozytose.
- [ ] Was sind Coated Pits?

 ## Lysosomen

Lysosomen sind Membranvesikel, die aus den Diktyosomen des Golgi-Apparats entstehen. Aufgabe der Lysosomen ist die Verdauung von Makromolekülen sowohl von zelleigenem als auch von extrazellulärem Material.
Dazu enthalten sie in ihrem Inneren zahlreiche membrangebundene oder freie Enzyme, hauptsächlich **saure Hydrolasen.** Das Leitenzym ist die **saure Phosphatase.**
Die Enzyme werden im rauen endoplasmatischen Retikulum gebildet und auf ihrem Weg durch den Golgi-Apparat modifiziert. Sie arbeiten unter sauren Bedingungen bei einem pH-Wert zwischen 4,5 und 5.
Eine Freisetzung lysosomaler Enzyme in größerem Umfang führt zur Zerstörung der Zelle.

Primäre Lysosomen
Neuentstandene (native) Lysosomen werden als **primäre Lysosomen** bezeichnet. Sie verschmelzen mit Vesikeln, die die zu verdauenden Stoffe enthalten (z. B. Phagosomen) und werden dann **sekundäre Lysosomen** genannt.

Sekundäre Lysosomen

Autolysosomen. Autolysosomen verdauen von der Zelle selbst gebildetes Material, z. B. andere Organellen wie Ribosomen oder Mitochondrien. Dieser Vorgang wird auch als **Autophagie** bezeichnet. Wiederverwertbare Substanzen werden durch Transportproteine in der Membran der Lysosomen zurück ins Zytosol ausgeschleust. Somit erneuert sich die Zelle durch die Lysosomen ständig selbst.

Heterolysosomen. Heterolysosomen enthalten zellfremdes Material. Wenn sie phagozytiertes Material verdauen, werden sie **Phagoly-** **sosomen** genannt. Die Verdauung von in die Zelle eingedrungenen Mikroorganismen durch Heterolysosomen ist ein wichtiger Schritt in der Infektabwehr.

Tertiäre Lysosomen
Nicht vollständig verdaubare Stoffe werden in den sekundären Lysosomen eingelagert. Die so entstehenden tertiären Lysosomen werden auch als **Telolysosomen,** oder **Residualkörper** bezeichnet. Lysosomen besitzen keine Lipasen zur Spaltung von Fetten. Daher enthalten die Telolysosomen häufig fetthaltige Rückstände, die Lipofuscine. Diese besitzen eine bräunliche Farbe und werden auch Alterspigment genannt.

Weitere Funktionen
Primäre Lysosomen können durch Exozytose ausgeschieden werden. Die dabei freigesetzten Enzyme helfen bei der extrazellulären Verdauung oder der Verflüssigung von anderen Sekreten.
Lysosomale Enzyme sind noch an weiteren Prozessen beteiligt:
- **Leukozyten** greifen damit körperfremde Substanzen und Zellen an.
- **Osteoklasten** bauen mit freigesetzten lysosomalen Enzymen Knorpel und Knochen ab.
- Lysosomale Enzyme sind entscheidend an der **Apoptose,** dem programmierte Zelltod, beteiligt.
- Auch die Verschmelzung von Spermium und Eizelle kann letztlich auf eine lysosomale Reaktion zurückgeführt werden.

1 Allgemeine Zellbiologie

> ■ **CHECK-UP**
> ☐ Welche Arten von Lysosomen werden unterschieden?
> ☐ Welches ist das Leitenzym der Lysosomen?

Peroxisomen

Die Peroxisomen – früher auch Mikrobodies genannt – sind kleine, kugelförmige, von einer Membran umgebene Zellorganellen mit einem Durchmesser von etwa 0,2–0,5 µm. Sie kommen in allen kernhaltigen Zellen vor, besonders häufig aber in Leber- und Nierenzellen.

Peroxisomen werden von Teilen des rER gebildet (peroxismales Retikulum), reifen und vergrößern sich aber erst später im Zytoplasma durch die Aufnahme von Proteinen und Lipiden aus dem Zytosol. Dort vermehren sie sich, nachdem sie eine bestimmte Größe erreicht haben durch Teilung bzw. Abknospung.

Die Peroxisomen erhielten ihren Namen aufgrund ihrer Aufgabe, **Wasserstoffperoxid** (H_2O_2) zu bilden und wieder zu spalten.

In den Peroxisomen beginnt der Abbau langkettiger Fettsäuren und komplexer Lipide wie Prostaglandinen und Leukotrienen. In den Peroxisomen der Leber werden Alkohol und andere organische Schadstoffe abgebaut, indem von diesen Verbindungen Wasserstoff abgespalten und auf molekularen Sauerstoff übertragen wird. Weitere Stoffwechselvorgänge in den Peroxisomen sind die Synthese von Gallensäure und der Abbau von Purinen und Aminosäuren.

Das im Stoffwechsel der Peroxisomen gebildete Wasserstoffperoxid ist ein starkes Zellgift. Die Peroxisomen enthalten jedoch das Enzym **Katalase**, das Wasserstoffperoxid wieder zu Wasser und Sauerstoff abbaut.

Die Lebensdauer der Peroxisomen beträgt einige Tage. Sie werden durch Verschmelzung mit Lysosomen oder durch Selbstauflösung abgebaut.

> ■ **CHECK-UP**
> ☐ Welche Aufgabe haben Peroxisomen?

Mitochondrien

Die Mitochondrien sind die wichtigsten Zellorganellen zur Bereitstellung von Energie. In ihnen wird der weitaus größte Teil der ATP-Moleküle gebildet. Mitochondrien kommen in allen tierischen Zellen außer den Erythrozyten vor. Sie sind länglich-ovale Zellorganellen mit einer Größe von 1–5 µm. Mitochondrien können sich in der Zelle bewegen und ihre Form ändern. In stoffwechselaktiven Zellen mit einem hohen Energiebedarf, z. B. den Zellen der Leber, ist die Zahl der Mitochondrien besonders hoch.

Proteinbiosynthese

> Die Mitochondrien besitzen eine eigene DNA, RNA und Ribosomen. Sie können damit eine zellkernunabhängige Proteinbiosynthese durchführen.

Die DNA der Mitochondrien ist ähnlich wie bei Prokaryoten ringförmig. Sie wird als **mitochondriale DNA** (mtDNA) bezeichnet.

> Die Mitochondrien vermehren sich durch eine vom Zellzyklus unabhängige Teilung. Mitochondrien werden nur über die Eizellen an die Nachkommen weitergegeben. Die **Vererbung** der **mitochondrialen Gene** erfolgt daher ausschließlich **maternal** (mütterlich).

Die mitochondrialen Ribosomen haben, anders als die übrigen Ribosomen der Eukaryoten eine Sedimentationskonstante von 70S. Sie ähneln daher den Ribosomen der Bakterien.

Die **Endosymbiontentheorie** geht davon aus, dass die Mitochondrien ursprünglich unabhängige Organismen waren, die in die eukaryotische Zelle aufgenommen wurden und dort als Symbionten spezielle Aufgaben übernommen haben. Die mitochondriale DNA enthält 37 Gene. Diese kodieren für
- zwei rRNA der mitochondrialen Ribosomen.
- 22 tRNA für die mitochondriale Proteinbiosynthese.
- 13 Enzyme der Atmungskette.

Für ein funktionsfähiges Mitochondrium werden aber etwa 3.000 Gene benötigt. Die meisten Proteine, die das Mitochondrium benötigt, sind im Zellkern kodiert und entstehen an den freien Ribosomen im Zytoplasma.

Formen der Mitochondrien

Mitochondrien besitzen eine doppelte Membran (→ Abb. 1.13). Die innere Membran ist vielfach eingestülpt. Ihre Fläche wird dadurch beträchtlich vergrößert.

Nach der Form der Innenmembran werden drei Mitochondrien-Typen unterschieden:
- **Crista-Typ** mit dünnen, leistenförmigen Einstülpungen. Die meisten Mitochondrien sind von diesem Typus.

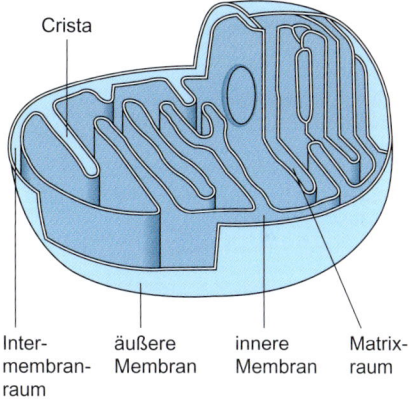

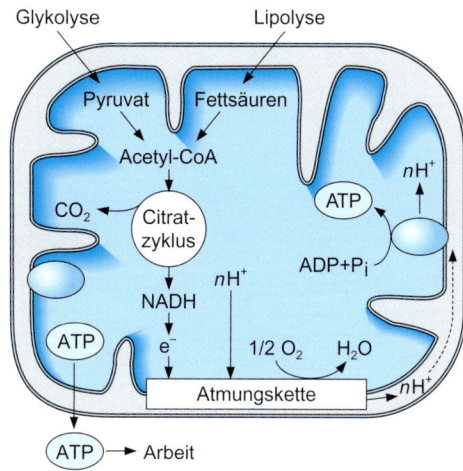

Abb. 1.13 Struktur und Stoffwechsel des Mitochondriums

1 Allgemeine Zellbiologie

- **Tubulus-Typ** mit weiten, schlauchförmigen Einstülpungen. Solche Tubulusstrukturen finden sich nur in steroidhormonproduzierenden Zellen, d. h. in den Zellen der Nebennierenrinde, des Ovars und der Hoden.
- **Sacculus-Typ** mit sackförmigen Einstülpungen. Dieser Typ ist nur in den Zellen der Zona fasciculata der Nebennierenrinde anzutreffen.

Stoffwechsel

Innen- und Außenmembran des Mitochondriums schaffen zwei getrennte Stoffwechselkompartimente, den **inneren Matrixraum** und den wesentlich engeren **Intermembranraum**, auch **Intra-Christae-Raum** genannt.

Die **äußere Membran** ist weitgehend stoffdurchlässig. Sie enthält viele Moleküle des Transportproteins **Porin**, das breite Kanäle in der Lipiddoppelschicht bildet, durch die auch große Makromoleküle bis zu einem Molekulargewicht von etwa 10.000 Dalton frei hindurchtreten können. So können die Mitochondrien Proteine aus dem Zytoplasma aufnehmen.

Die **Innenmembran** enthält große Mengen des Lipids **Cardiolipin**. Sie ist dadurch besonders undurchlässig. Der Stoffaustausch durch die Innenmembran ist nur über spezielle Transportmechanismen möglich. Hierfür sind stoffspezifische Transportproteine wie Permeasen und Kanalproteine in die Membran eingelagert.

Auf der Innenseite der inneren Membran liegt der **ATP-produzierende Multienzymkomplex der Atmungskette**. Im elektronenmikroskopischen Bild sind die Enzymkomplexe als sogenannte Elementarpartikel an der Membran identifizierbar.

Zwischenprodukte des Stoffwechsels werden aus dem Zytosol in die Mitochondrien gebracht und dort weiter oxidiert. Bei der Oxidation von H_2 zu H_2O wird Energie frei, die zur ATP-Synthese verwendet wird.

Im **Matrixraum** befinden sich die **Enzyme des Zitratzyklus** und für die β-**Oxidase** des Fettsäureabbaus. Die Lipid-β-Oxidation liefert die Wasserstoffatome für die Atmungskette und das Acetyl-CoA für den Zitratzyklus. Der Zitratzyklus (Krebs-Zyklus) ist am Eiweiß-, Kohlenhydrat- und Fettstoffwechsel als zentrale Reaktionsfolge des Energiestoffwechsels beteiligt.

■ CHECK-UP

- ☐ Wie ist das Mitochondrium aufgebaut?
- ☐ Welche Typen von Mitochondrien werden unterschieden?
- ☐ Wie ist die Stoffdurchlässigkeit der inneren und äußeren Mitochondrienmembran und welche Proteine sind dafür verantwortlich?
- ☐ Wo befindet sich der Multienzymkomplex der Atmungskette?
- ☐ Wo befinden sich die Enzyme des Zitratzyklus?
- ☐ Wie werden Mitochondriopathien vererbt?

Das Zytoskelett

Mehrere Filamentnetzwerke durchziehen das Zytoplasma der Zelle und verstärken die äußere Membran. Die Gesamtheit dieser Netzwerke wird als **Zytoskelett** bezeichnet.

Das Zytoskelett gibt der Zelle eine stabile äußere Form. Manche Zellen können ihre Form verändern, Zellorganellen in ihrem Inneren verschieben oder sind sogar zu einer gezielten Fortbewegung in der Lage. Auch diese Funktionen werden durch das Zytoskelett realisiert.

Im Zytoplasma befinden sich drei, von unterschiedlichen Proteinfamilien gebildete Filamentnetzwerke (→ Abb. 1.14), die nach der Größe ihrer Fasern unterschieden werden:

- **Aktinfilamente** (Mikrofilamente)
- **Intermediärfilamente**
- **Mikrotubuli**.

Daneben existiert ein **Membranzytoskelett** als mechanische Stütze für die Plasmamembran. Neben den Haupttypen der Proteinfilamente gehören noch zahlreiche weitere Proteine mit spe-

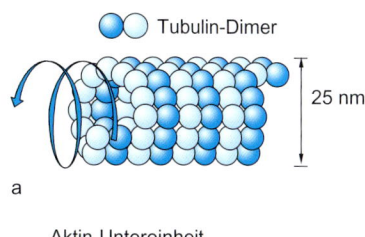

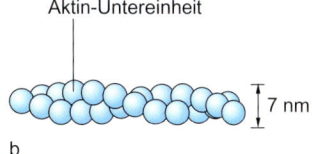

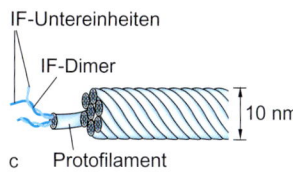

Abb. 1.14 Filamente des Zytoskeletts: **a)** Mikrotubuli **b)** Aktinfilamente (Mikrofilamente) **c)** Intermediärfilamente

ziellen Aufgaben zum Zytoskelett, die z. B. die Filamentsysteme untereinander und mit der Zellmembran verbinden. Sie fixieren die Zellorganellen am inneren Gerüst der Zelle oder verschieben sie bei Bedarf entlang der Filamente.

■ Mikrotubuli

Aufbau

Die Mikrotubili sind gerade, hohle Röhren mit einem Außendurchmesser von 25 nm, einem Innendurchmesser von 15 nm und einer Länge von 200 nm bis 25 µm.
Die Röhren der Mikrotubuli sind aus Protofilamenten aufgebaut. Diese Protofilamente sind gerade Ketten von **Heterodimeren**, die jeweils aus den beiden globulären Proteinen α- und β-Tubulin gebildet werden.
Die Protofilamente sind polar:

- **α-Tubulin** findet sich am sogenannten **Minus-Ende**,
- **β-Tubulin** am **Plus-Ende**.

Durch Anlagerung von Tubulin-Dimeren an beiden Enden der Röhre können die Mikrotubuli in die Länge wachsen. Der Auf- und Abbau der Mikrotubuli erfolgt je nach den Erfordernissen der Zelle in einer Zeitspanne von wenigen Minuten bis zu mehreren Tagen.

Die Mikrotubuli verlängern sich in fast allen tierischen Zellen nur in eine Richtung. Sie gehen von einem **Mikrotubuliorganisationszentrum** (MTOC) aus und verlaufen in Richtung der Zellperipherie. Sie können vom Golgi-Apparat ausgehen und radiär durch das Zytoplasma ziehen. Das MTOC wird auch als **Zentrosom** bezeichnet. Es kann lichtmikroskopisch in der Nähe des Zellkerns lokalisiert werden. Das Zentrosom besteht aus zwei zueinander senkrecht stehenden **Zentriolen**. Die Zentriolen sind kurze Hohlzylinder, die aus jeweils neun ringförmig angeordneten Mikrotubuli-Dreiergruppen aufgebaut sind. Sie kommen in der Zelle stets paarweise vor. Bevor sich eine Zelle teilt verdoppeln sich die Zentriolen, dabei bildet jedes Zentriol ein neues Tochterzentriol.

Funktion

Struktur: Im Zytoskelett bilden Mikrotubuli druckresistente Tragbalken, die die Zellform stabilisieren.
Transport: Die Transportvesikel der Endo- und Exozytose bewegen sich entlang der Mikrotubuli. Die Organellen sind durch Motorproteine mit den Mikrotubuli verbunden. **Motorproteine** ändern unter ATP-Verbrauch ihre Form und „kriechen" auf diese Weise entlang der Mikrotubuli. Für diesen Transport gibt es zwei Klassen von Motorproteinen:

- **Kinesin** bewegt sich zum Plus-Ende der Mikrotubuli.
- **Dynein** bewegt sich zum Minus-Ende der Mikrotubuli.

Zellteilung: Von den Zentriolen ausgehend bilden sich die aus Mikrotubuli aufgebauten Spindelfasern. Die Spindelfasern knüpfen sich an die **Kinetochore** an den Zentromeren der Chromosomen. Die Chromosomen wandern entlang der Spindelfasern und verteilen sich auf die Tochterzellen.

Zilien und Geißeln

Mikrotubuli bilden das Rückgrat von **Flimmerhärchen** (Kinozilien oder kurz: Zilien) und **Geißeln** (Flagellen). Beides sind akzessorische Zellorganellen, d. h. sie kommen nicht in allen Zellen vor.
Zilien und eukaryotische Geißeln sind bewegliche Ausstülpungen der Zellmembran. Sie erzeugen einen Flüssigkeitsstrom auf der Zelloberflä-

1 Allgemeine Zellbiologie

che oder dienen bei Einzellern der Fortbewegung der Zelle.
Zilien kommen auf der Zelle in großer Zahl vor und bedecken oft als Flimmerepithel die Oberfläche der Zelle. Im Inneren der Zilien befindet sich ein Komplex aus neun Doppel-Mikrotubuli, die kreisförmig um zwei parallel verlaufende Mikrotubuli im Zentrum angeordnet sind.
Eukaryotische Geißeln sind prinzipiell genauso aufgebaut wie Zilien. Sie haben die gleiche Dicke, sind jedoch wesentlich länger.

> Zilien und Geißeln unterscheiden sich im Schlagmuster.
> - **Zilien** schlagen hin und her. In eine Richtung erfolgt der Kraftschlag in der Gegenrichtung der schwächere Erholungsschlag. So transportiert z. B. das Flimmerepithel des Bronchialtrakts das Bronchialsekret in Richtung des Kraftschlags.
> - **Geißeln** besitzen nur Zellen, die sich fortbewegen können. In der Regel hat jede Zelle nur eine Geißel. Die Geißel führt eine wellenförmige Bewegung aus, die die Zelle vorantreibt, z. B. bei der Bewegung der Spermien.

■ Aktinfilamente

Aktinfilamente (Filamenta actinia) werden auch als **Mikrofilamente** bezeichnet, denn sie sind mit einem Durchmesser von etwa 7 nm die kleinsten der drei Filamenttypen des Zytoskeletts. Es werden mehrere Unterarten der Aktinmoleküle unterschieden: drei Arten von α-**Aktin** kommen in Muskelzellen vor, β- **und** γ-**Aktin** in allen Zellen.
Aktin liegt als Monomer (G-Aktin) oder polymerisiert in langen Ketten (F-Aktin) vor. Ein Aktinfilament besteht aus zwei dieser Ketten, die sich zu einer doppelhelikalen Struktur umeinanderwinden, und daran angelagerten Proteinen (→ Abb. 1.14b).
Aktinfilamente besitzen eine **Polarität**. Die Anlagerung zusätzlicher Monomere erfolgt bevorzugt am Plus-Ende. Vom Minus-Ende her erfolgt der Abbau des Filaments.
Aktinbindende Querverbindungsproteine (Actin Cross-linking Proteins) organisieren die Filamente zu linearen Bündeln, flächigen Netzen oder vielfältigen anderen räumlichen Gebilden.

Parallele Bündel aus Aktinfilamenten bilden sehr zugfeste Fasern (Stressfasern).

Funktion
Aufrechterhaltung der Zellform: Mikrotubuli fangen Druckkräfte auf, die Aktinfilamente dagegen Zugkräfte.
Verbindung mit der Plasmamembran: Aktinfilamente fixieren die Position membranintegrierter Proteine (Integrine).
Interzellularkontakte: Aktinfasern sind an interzellulären Verbindungen des Adhaerens-Typs beteiligt.
Viskosität des Zytoplasmas: In der Nähe der Zellmembran ist die Konsistenz des Zytoplasmas durch die zahlreichen Aktinfilamente gelartig.
Mikrovilli: Resorbierende Zellen, z. B. die des Dünndarmepithels, vergrößern ihre Oberfläche durch eine Vielzahl kleinster Membranausstülpungen, die Mikrovilli. Mikrovilli sind in ihrem Inneren durch ein Bündel Aktinfasern stabilisiert, die einen Anschluss zum Zytoskelett besitzen.
Stereozilien dienen nicht der Fortbewegung, sondern wie die Mikrovilli der Oberflächenvergrößerung. Sie werden aus Aktinfilamenten gebildet.
Zellmotilität: Bewegliche Zellen bilden in Fortbewegungsrichtung Zytoplasmafortsätze, die Pseudopodien (Scheinfüßchen). Pseudopodien strecken sich aus und ziehen sich zusammen, weil in ihrem Inneren Aktinfilamente durch Auf- und Abbau gleiten.
Muskelkontraktion: Aktinfilamente bilden zusammen mit Filamenten des Proteins Myosin kontraktile Elemente. Myosin ist wesentlich größer als Aktin. Die Myosinmoleküle bilden lange Filamente, die an einem Ende einen dickeren Kopf besitzen, der unter Einfluss von ATP und Ca^{2+} abknicken kann. In einer Muskelfaser sind Bündel von parallelen Aktin- und Myosinfilamenten jeweils abwechselnd und ineinander verzahnt angeordnet (→ Abb. 1.15). Durch das Abknicken der Myosinköpfchen wandern diese entlang der Aktinfasern. Die Aktin- und Myosinbündel schieben sich ineinander und die kontraktile Faser verkürzt sich.

■ Intermediärfilamente

Der Durchmesser der Intermediärfilamente beträgt etwa 8–12 nm. Sie sind damit dicker als die Aktinfilamente, aber dünner als die Mikrotubuli. Innerhalb der Zelle nehmen die Intermediärfilamente Zugkräfte auf.

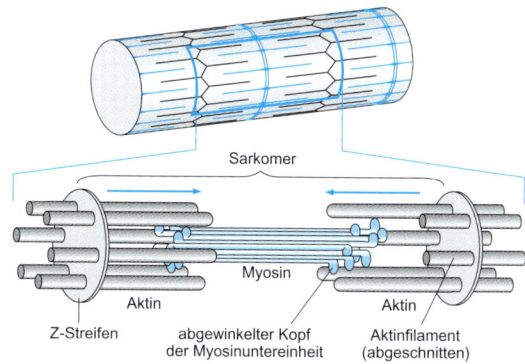

Abb. 1.15 Aufbau einer kontraktilen Faser aus Aktin- und Myosinfilamenten

Aufbau

Die Grundbausteine der Intermediärfilamente sind α-helikale Polypeptidketten mit einem Durchmesser von weniger als 1 nm und einer Länge von mindestens 44 nm. Zwei dieser Monomere winden sich umeinander zu einem parallelen Heterodimer, dessen Durchmesser nun ca. 1,5 nm beträgt. Zwei Heterodimere lagern sich antiparallel aneinander zu einem Tetramer mit einer Dicke von 2–3 nm. Die Tetramere knüpfen sich als Grundbausteine der **Protofilamente** aneinander. Mehrere Protofilamente verbinden sich wiederum zu einer **Protofibrille**. Ein Intermediärfilament besteht schließlich aus mehreren lateral assoziierten Protofibrillen.

Der Aufbau der Intermediärfilamente (→ Abb. 1.14c) lässt sich mit einem gedrehten Seil vergleichen, bei dem sich mehrere Stränge umeinanderwinden, von denen jeder wieder aus mehreren kleinerer Fäden gewunden ist.

> Die Intermediärfilamente bilden in der Regel dauerhaftere Strukturelemente des Zytoskeletts. Dagegen werden die Mikrotubuli und Aktinfilamente in verschiedenen Bereichen der Zelle häufig auf- und wieder abgebaut.

Formen und Funktionen

Die molekulare Struktur der Proteinbausteine der Intermediärfilamente ist äußerst heterogen. Einige Proteine sind spezifisch für bestimmte Zelltypen.

- **Lamine.** Eine nur im Karyoplasma vorkommende Sonderform der Intermediärfilamente bildet die Proteinfamilie der Lamine. Aus ihnen besteht die Kernlamina.

Neurofilamente. Axone, die langen Fortsätze der Nervenzellen, werden von einem weiteren speziellen Typ der Intermediärfilamente stabilisiert, den sogenannten Neurofilamenten.

Keratine. Die Familie der **Keratine** umfasst etwa 30 Isoformen. Sie sind Heterodimere und bestehen aus einer 1:1-Mischung von sauren und basischen Keratinproteinen. Keratine kommen besonders in Epithelzellen vor. Von den Isoformen sind zehn in „harten" Epithelzellen, wie den Nägeln oder Haaren und über 20 in den übrigen Epithelien anzutreffen. Die Letzteren werden als **Zytokeratine** bezeichnet.

Vimentin. Vimentin kommt typischerweise in Endothel- und Mesenchymzellen vor, besonders in Fibroblasten, aber auch in der glatten Muskulatur. Vimentinfasern enden oft an Desmosomen, Hemidesmosomen oder auch an der Kernmembran. In Fettzellen sind die Fettvakuolen oft von Vimentinfasern umschlossen.

Desmin. Desmin findet sich in den Zellen der quer gestreiften Muskulatur. Dort wechseln sich sogenannte Z-Scheiben (Zwischenscheiben), an die sich Aktinfasern anlagern, regelmäßig mit aus Myosin bestehenden M-Streifen ab. Desmin verbindet die Myofibrillen zu Bündeln und verknüpft die Z-Scheiben so miteinander, dass sie direkt nebeneinander liegen.

GFAP. GFAP (Glial Fibrillar Acidic Protein) ist typisch für Gliazellen und Astrozyten.

1 Allgemeine Zellbiologie

Peripherin. Peripherin befindet sich an den Rändern und in den Außensegmenten der Fotorezeptoren der Netzhaut.

■ Das Membranzytoskelett

Die Zelle wird durch ein gitternetzartiges Geflecht stabilisiert, das die Innenseite der Plasmamembran auskleidet. Dieses Membranzytoskelett wird u. a. durch die Proteine **Spektrin** und **Ankyrin** gebildet. Spektrin und Ankyrin sind essenziell für das Aufrechterhalten der bikonkaven Form der roten Blutkörperchen.
Die wichtigsten integralen bzw. transmembranen Proteine der Erythrozyten, an denen sich das Membranzytoskelett verankert, sind **Glykophorin** und das **Bande-3-Protein**.
In Muskelzellen bindet **Dystrophin** an das Aktin-Netzwerk des Zytoskeletts und stellt dessen Verbindung zur Zellmembran und zur extrazellulären Matrix her.

> ### ■ CHECK-UP
> - Welche Fasertypen werden beim Zytoskelett unterschieden?
> - Wie sind Mikrotubuli aufgebaut?
> - Was ist das Zentrosom?
> - Welche Funktionen haben die Mikrotubuli?
> - Worin unterscheiden sich Zilien und Geißeln?
> - Wie ist ein Aktinfilament aufgebaut?
> - Welche Funktionen erfüllt das Aktinfilament-System?
> - Welche zellspezifischen Proteine der Intermediärfilamente kennen Sie und in welchen Zellen kommen diese vor?
> - Wo befindet sich das Membranzytoskelett?
> - Nennen Sie wichtige Proteine des Membranzytoskeletts.

Und jetzt üben mit den wichtigsten IMPP-Fragen: http://www.mediscript-online.de/Fragen/Wenisch-Biologie_Kap01 (Anleitung zum Einloggen s. Buchdeckel-Innenseite)

2 Zellzyklus und Zellteilung

- Der Zellzyklus 23
- Mitose 25
- Meiose 28
- Zelltod 34

 Der Zellzyklus

Zellen vermehren sich durch Teilung. Vor der Teilung verdoppelt die Zelle ihre genetische Information und verteilt sie dann auf die beiden entstehenden Tochterzellen.
Jede teilungsaktive Zelle durchläuft kontinuierlich einen Zellzyklus, der in bestimmte Zellzyklusphasen unterteilt wird (→ Abb. 2.1):
- G_1-Phase
- S-Phase
- G_2-Phase
- M-Phase.

G steht für engl. Gap, also Lücke oder Zwischenraum. Denn in der Anfangszeit der Zytologie war lange nicht bekannt, welche Vorgänge in dieser Phase in der Zelle ablaufen.

S steht für **Synthese.** In der S-Phase wird DNA synthetisiert und damit die genetische Information der Zelle verdoppelt.
Die M-Phase ist die **Mitose,** hier findet die Zellteilung statt. Keimzellen, also Spermien und Eizellen, besitzen nur den halben Chromosomensatz. Sie entstehen nicht durch Mitose, sondern durch **Meiose,** eine besondere Form der Zellteilung.
Die Stadien G_1, S und G_2 werden zusammen als die **Interphase** der Zelle bezeichnet.
Im Interphasenkern finden sich spezifisch anfärbbare Stellen hochkondensierten Chromatins, das sogenannte **Heterochromatin** und das **Barr-Körperchen.** Dieses ist das inaktivierte X-Chromosom weiblicher Körperzellen.

G_1-Phase
In der G_1-Phase findet der normale zellspezifische Stoffwechsel statt. Es ist die Wachstumsphase der Zelle, in der die Zellteilung vorbereitet wird. Die Zellgröße nimmt zu, Zellorganellen, rRNA, tRNA, die Bausteine der Mitosespindel, Histone und die Enzyme zur DNA-Replikation werden synthetisiert.
Die Dauer der G_1-Phase kann stark variieren, von nur wenigen Stunden bis hin zu mehreren Monaten.

S-Phase
Wenn alle Vorbereitungen zum weiteren Durchlaufen des Zellzyklus abgeschlossen sind, wird in der Synthese-Phase die DNA der Zelle verdoppelt. Die S-Phase hat in allen Zellarten eine nahezu konstante Dauer, bei Säugetierzellen etwa 8 Stunden.

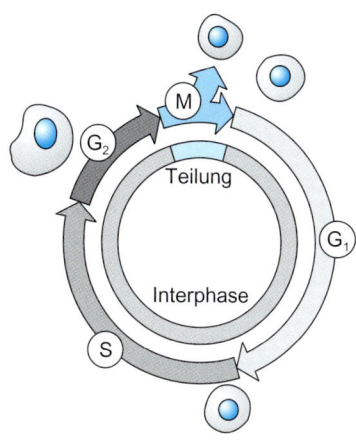

Abb. 2.1 Der Zellzyklus

2 Zellzyklus und Zellteilung

G$_2$-Phase
In der G$_2$-Phase werden letzte Vorbereitungen zur Zellteilung abgeschlossen. Replikationsfehler der DNA werden repariert und die Zellgröße kann durch Synthese von Zytoplasma und Zellorganellen noch weiter zunehmen. Die Dauer der G$_2$-Phase hängt von Zelltyp und Umgebungsbedingungen ab, sie beträgt etwa 2–5 Stunden.

M-Phase
In der Mitose werden die beiden durch DNA-Verdopplung gebildeten Schwesterchromatiden der Chromosomen getrennt und auf die Tochterzellen verteilt. Die Mitose dauert etwa 1 Stunde und ist damit deutlich kürzer als die Interphase der Zelle.

G$_0$-Phase
Wenn Zellen ihre Teilungsaktivität einstellen gehen sie in eine als G$_0$ bezeichnete Ruhephase über. Hier findet nur der für die normale Zellfunktion im Organismus notwendige Stoffwechsel statt. Es werden keine Vorbereitungen für weitere Zellteilungen getroffen.

Die **Interphase** besteht aus:
- G$_1$-Phase:
  - Zellspezifischer Stoffwechsel
  - Synthese von Zytoplasma, Zellorganellen, rRNA und tRNA
  - Vorbereitung der Zellteilung, Synthese von Polymerasen und der Proteine des Spindelapparats
  - Dauer variabel, abhängig vom Zelltyp Stunden bis Monate
- S-Phase:
  - Replikation der DNA, Verdopplung der Chromatiden
  - Dauer konstant (ca. 8 h)
- G$_2$-Phase
  - Reparatur von Replikationsfehlern
  - Dauer je nach Zelltyp 2–5 h.

Steuerung des Zellzyklus
Der Zellzyklus ist ein sehr komplexer Prozess. Es existieren drei wichtige Kontrollpunkte des Zellzyklus, an denen jeweils geprüft wird, ob ein Prozess abgeschlossen ist, bevor der nächste beginnt (→ Abb. 2.2).
Wenn an einem der Kontrollpunkte schwere Fehler festgestellt werden, die die Zelle nicht reparieren oder kompensieren kann, wird der programmierte Zelltod, die **Apoptose** eingeleitet.

G$_1$-Kontrollpunkt. Der G$_1$-Kontrollpunkt wird gegen Ende der G$_1$-Phase durchlaufen und wird auch **Restriktionspunkt** genannt. Hier wird sichergestellt, dass geschädigte DNA nicht repliziert wird. Wenn die Zelle an diesem Punkt ein Startsignal erhält, durchläuft sie den gesamten weiteren Zellzyklus. Bleibt das Signal an dieser Stelle aus, geht die Zelle in die G$_0$-Phase über. Ein entscheidendes Enzym am G$_1$-Kontrollpunkt ist das **Protein p53**. Dieses löst bei irreparablen Schäden die Apoptose aus.

G$_2$-Kontrollpunkt. Der G$_2$-Kontrollpunkt wird am Ende der G$_2$-Phase durchlaufen. Schäden sollen nicht in die Mitose übernommen und an die Tochterzellen weitergegeben werden. Wenn Schäden vorliegen, wird der Eintritt in die Mitose verzögert, sodass in der späten S-Phase oder der G$_2$-Phase eingetretene DNA-Schäden repariert werden können.

Metaphasenkontrollpunkt. Der Metaphasenkontrollpunkt (Spindel-Kontrollpunkt) liegt in der M-Phase. Hier wird die Struktur des Spindelapparats, die korrekte Ausrichtung der Chromosomen und die richtige Verknüpfung der Chromosomen mit den Kinetochoren überwacht. Falls Defekte auftreten, wird die Trennung der Chromosomen verzögert, bis die Fehler in der Mitosespindel behoben sind.

An den Kontrollpunkten des Zyklus wird das Verhalten der Zelle von speziellen Proteinen gesteuert: zyklinabhängigen Kinasen und Zyklinen.

Zyklinabhängige Kinasen (Cyclin Dependent Kinases, CDK) sind phosphatübertragende Enzyme, die den Zellzyklus antreiben. Sie liegen meist in inaktiver Form vor und werden erst durch Zykline aktiviert.

Zykline besitzen selbst keine enzymatische Aktivität. Sie binden an die zyklinabhängigen Kinasen und bilden mit diesen einen aktiven Komplex. Inzwischen sind mehrere Zykline bekannt. Zyklin B bildet mit der zyklinabhängigen Kinase CDK2 eine aktive Proteinkinase, den **Mitose-Promotor-Faktor** (MPF). MPF phosphoryliert u. a. Lamine und wirkt so bei der Auflösung der Kernlamina mit.
Neben diesen internen Signalen wirken auch externe Signale, z. B. von bestimmten Zellen abgegebene Wachstumsfaktoren, auf die Steuerung des Zellzyklus.

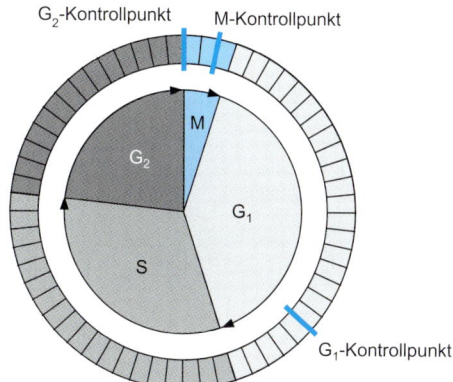

Abb. 2.2 Kontrollpunkte des Zellzyklus

■ CHECK-UP

- ☐ In welche Phasen gliedert sich der Zellzyklus?
- ☐ Beschreiben Sie die Vorgänge in den einzelnen Zyklusphasen.
- ☐ Welche Kontrollpunkte gibt es im Zellzyklus?

 ## Mitose

Die Zelle teilt sich in der Mitose. Die Mitose wird in fünf Stadien unterteilt:
1. Prophase
2. Prometaphase
3. Metaphase
4. Anaphase
5. Telophase.

Prophase
- Im Zellkern dissoziieren die Nucleoli.
- Die Chromatinfasern werden dichter gepackt.
- Das **Chromatin** kondensiert zu den im Lichtmikroskop erkennbaren **Chromosomen.** Jedes verdoppelte Chromosom besteht aus zwei **Schwesterchromatiden,** die am **Zentromer** miteinander verbunden sind (→ Abb. 2.3).
- Die **Mikrotubuli** des Spindelapparats bilden sich zwischen den Zentrosomen.
- Die Zentromere bewegen sich in Richtung der Zellpole. Jetzt ist schon die Teilungsrichtung der Zelle im Gewebe festgelegt.

Prometaphase
- Die Kernmembran löst sich auf.
- An den beiden Chromatiden eines Chromosoms bildet sich jeweils ein **Kinetochor.** Kinetochore sind spezialisierte Strukturen, die sich am Zentromer befinden.
- Von den Zentromeren ausgehend verlaufen Mikrotubuli zu den Kinetochoren der Chromatiden (→ Abb. 2.4). Unterscheidbar sind diese **Kinetochor-Mikrotubuli** von den **Pol-Mikrotubuli,** die in der Mittelebene der Zelle überlappen und beide Zentromere verbinden.
- Der gesamte Mikrotubuliapparat wird aufgrund seiner Form als **Mitosespindel** bezeichnet.

Metaphase
Die Chromosomen sind in der Metaphase maximal kondensiert und am besten sichtbar. Die Abbildung der Metaphasenchromosomen wird als **Karyogramm** bezeichnet.
- Die Zentromere befinden sich an den Zellpolen.
- Die Chromosomen sind maximal kondensiert.

2 Zellzyklus und Zellteilung

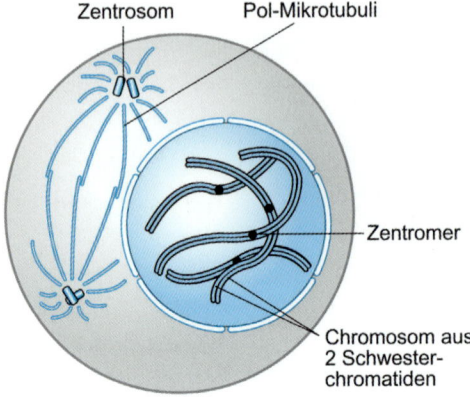

Abb. 2.3 Prophase

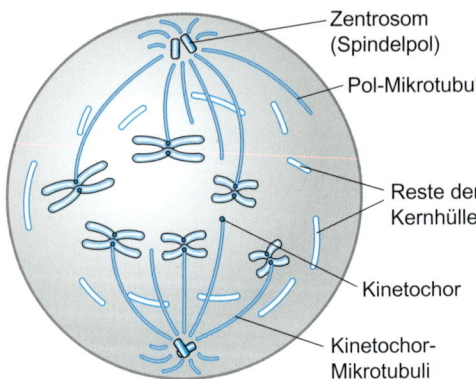

Abb. 2.4 Prometaphase

- Die Chromosomen sammeln sich in der Äquatorialebene, diese wird auch **Metaphasenplatte** genannt (→ Abb. 2.5).
- Die Zentromere alle auf gleicher Höhe, die Schwesterchromatiden liegen beiderseits der Metaphasenplatte. Diese Anordnung wird als **Monaster** bezeichnet.
- Die Mitosespindel ist nun voll ausgebildet.

Anaphase
- Die Zentromere trennen sich und die Chromatiden liegen nun als eigenständige Chromosomen vor (→ Abb. 2.6).
- Die Chromosomen wandern zu den Zellpolen. **Motorproteine** wie **Dynein** und **Kinesin** ziehen die Kinetochore entlang der Mikrotubuli.

- Die Zentrosomen schieben sich noch weiter auseinander und die Zelle nimmt eine längliche Gestalt an.
- Beide Chromosomensätze gruppieren sich sternförmig in der Nähe der Zellpole. Diese Anordnung wird **Diaster** genannt.

Telophase
- An den Zellpolen bilden sich die Tochterzellkerne (→ Abb. 2.7).
- Zwei neue Kernhüllen bilden sich aus Fragmenten der ursprünglichen Kernhülle und Teilen des inneren Membransystems.
- Die Chromosomen dekondensieren, die dichte Packung des Chromatins in den Chromosomen lockert sich.

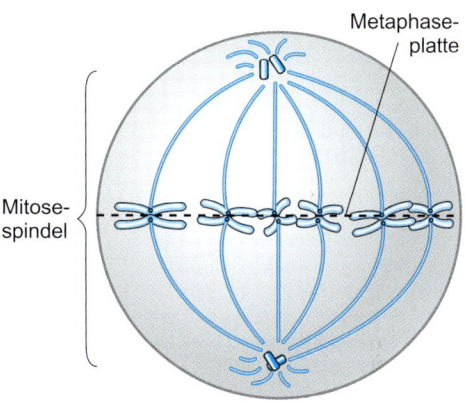

Abb. 2.5 Metaphase

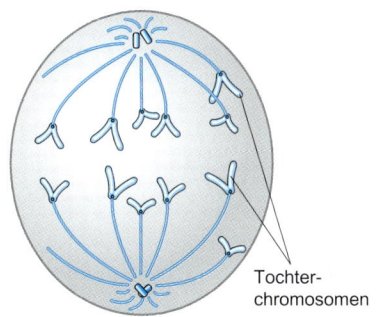

Abb. 2.6 Anaphase

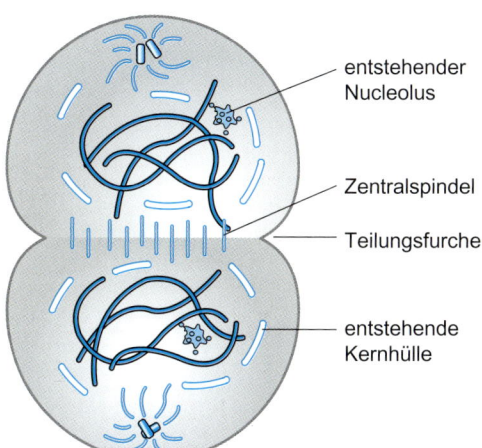

Abb. 2.7 Telophase und Zytokinese

- Proteine werden durch die Poren der Kernhülle in die Zellkerne transportiert. Die Nucleoli entstehen wieder.
- Die Mitosespindel löst sich auf. Es verbleiben in der Äquatorialebene parallel ausgerichtete Fragmente der Pol-Mikrotubuli, die sogenannte **Zentralspindel**.

> Der **Mitose-Index** gibt den Anteil der in der Mitose befindlichen Zellen einer Zellpopulation an. Er ist ein Maß für die Wachstumsgeschwindigkeit eines Gewebes.
> Eine Fehlverteilung der Chromosomen in der Mitose führt zu **numerischen Chromosomenaberrationen**.

Zytokinese

Nach Teilung des Zellkerns in der Mitose wird in der **Zytokinese** das Zytoplasma in zwei Hälften geteilt. Zellorganellen, im Zytosol gelöste Substanzen, die inneren Membranen und Strukturen des Zytoskeletts werden auf die Tochterzellen verteilt.

- Die Zytokinese beginnt bereit gegen Ende der Mitose. Die Telophase und der Beginn der Zytokinese laufen gleichzeitig ab.
- In der Region der früheren Metaphasenplatte bildet sich ein kontraktiler Ring aus Aktin- und Myosinfilamenten, der sich zusammenzieht. Als Vertiefung der Plasmamembran bildet sich die so genannte **Teilungsfurche**. Die Zelle schnürt sich in ihrer Äquatorialebene ab, dies wird als **Furchung** bezeichnet.
- Die Plasmamembranen fusionieren und die beiden Tochterzellen trennen sich vollständig.

■ CHECK-UP

☐ Nennen Sie die fünf Stadien der Mitose.
☐ Beschreiben Sie die Vorgänge in den einzelnen Stadien der Mitose.
☐ Was geschieht nach der Mitose?

Meiose

Die Meiose (Reifeteilung, → Abb. 2.8) ist die Grundlage der sexuellen Vermehrung.
Mit Ausnahme der Geschlechtschromosomen sind alle Chromosomen zweifach vorhanden. Die Chromosomen eines zueinander gehörigen Paars werden als **homologe Chromosomen** bezeichnet. Eines der homologen Chromosomen wurde von der mütterlichen Seite, das andere von der väterlichen Seite vererbt.
Die **Gameten**, die weiblichen und männlichen Keimzellen (Ei- bzw. Spermazelle), enthalten nur den haploiden, d. h. einfachen Chromosomensatz. Sie werden in der **Meiose** (Reifeteilung) aus diploiden Zellen gebildet. Bei der Verschmelzung von Spermium und Eizelle entsteht aus der Kombination beider haploider Genome wieder ein diploider Chromosomensatz.

> Bei der Bildung der Keimzellen, der Meiose (Reifeteilung), wird der ursprünglich diploide Chromosomensatz auf einen haploiden Satz reduziert. Es entstehen Ei- bzw. Spermazellen.

In der Meiose entstehen aus einer Stammzelle durch zwei aufeinanderfolgende Teilungen vier haploide Gameten. Man kann sich die Meiose als zwei aufeinanderfolgende Mitosen vorstellen, zwischen denen die DNA-Synthese unterbleibt:

- In der 1. meiotischen Teilung (Reduktionsteilung) werden die homologen Chromosomen getrennt.
- In der anschließenden 2. Teilung werden die Schwesterchromatiden getrennt.

Die beiden meiotischen Teilungen werden im Folgenden mit ihren Stadien beschrieben, wobei vereinfachend Prometaphase und Metaphase zusammengefasst werden.

Interphase

homologes Chromosomenpaar
(diploide Zelle)

↓ Verdoppelung der DNA
in der S-Phase

homologes repliziertes Chromosomenpaar
aus je zwei Schwesterchromatiden

1. Reifeteilung (Reduktionsteilung)

Trennung der
homologen
Chromosomen

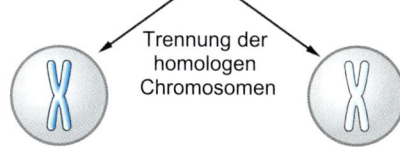

haploide Zelle mit repliziertem
Chromosomensatz

2. Reifeteilung

Trennung der
Schwester-
chromatiden

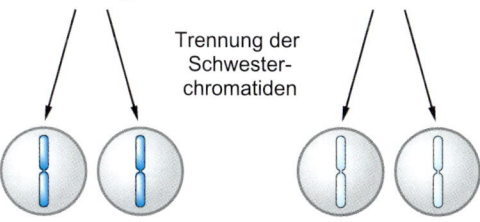

haploide Zelle mit nichtrepliziertem
Chromosomensatz

Abb. 2.8 Das Prinzip der Meiose

■ Die 1. Reifeteilung

Der Zustand zu Beginn der Meiose ist dem vor einer Mitose vergleichbar:
- Die Chromosomen wurden in der vorausgegangenen S-Phase verdoppelt.
- Die Schwesterchromatiden sind jeweils am Zentromer verbunden.
- Im Zytoplasma wurde das Zentrosom dupliziert.

Prophase I
Die Prophase I der Meiose dauert wesentlich länger und ist deutlich komplizierter als die Prophase der Mitose.

Leptotän:
- Das Chromatin verdichtet sich, die Chromosomen kondensieren.
- Die Chromosomen fixieren sich mit ihren Enden, den **Telomeren,** an der Kernlamina.

2 Zellzyklus und Zellteilung

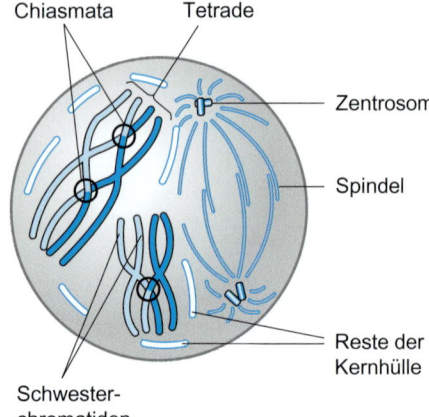

Abb. 2.9 Prophase I: Paarung homologer Chromosomen

Zygotän:
- Die homologen Chromosomen lagern sich zu Paaren aneinander. Dieser Vorgang wird als **Synapsis** bezeichnet.
- Eine Proteinstruktur, der **Synaptonemal-Komplex,** beginnt sich als Verbindung zwischen den homologen Chromosomen zu bilden.

Pachytän:
- Der Synaptonemal-Komplex ist voll ausgebildet und verbindet die homologen Chromosomen über die gesamte Länge fest miteinander. Die so gepaarten Chromosomen werden **Bivalente** genannt.
- Die einander entsprechenden Stränge der **homologen Chromosomen** winden sich umeinander und überkreuzen sich dabei mehrfach. Dieser Vorgang wird als **Crossing Over** bezeichnet, die dabei entstandenen Kreuzungen als **Chiasmata** (Singular: Chiasma).
- Es erfolgt eine genetische Rekombination: an den Chiasmata werden die Chromatiden neu verknüpft. Dabei tauschen die Nichtschwesterchromatiden der homologen Chromosomen untereinander Segmente aus (→ Abb. 2.9).

Diplotän:
- Der Synaptonemal-Komplex beginnt zu zerfallen (Desynapsis).
- Die homologen Chromosomen rücken etwas auseinander, bleiben aber an den Chiasmata verbunden. Die vier Chromatiden sind, als sogenannte **Tetrade,** als Komplex von vier parallelen Strängen lichtmikroskopisch sichtbar.

Diktyotän. Die Oogenese, die Bildung der Eizellen, wird nach dem Diplotän angehalten und die Zellen bleiben in einem Diktyotän genanntem Ruhestadium.

Diakinese:
- Die Chromosomen verdichten sich noch weiter.
- Die Nucleoli lösen sich auf und die Kernhülle zerfällt.
- Die Zentrosomen wandern zu den Zellpolen.
- Die Teilungsspindel bildet sich.

Metaphase I
- Die Bivalente ordnen sich in der Metaphaseplatte an (→ Abb. 2.10).
- Auf welcher Seite der Teilungsebene das mütterlich bzw. väterlich vererbte Chromosom des Paars liegt ist rein zufällig.
- Von jedem Pol des Spindelapparats verlaufen Mikrotubuli zum Kinetochor eines der homologen Chromosomen.

Anaphase I
- Die Chiasmata lösen sich und die homologen Chromosomen trennen sich voneinander (→ Abb. 2.11).
- Die Kinetochor-Mikrotubuli transportieren die Chromosomen zu den Zellpolen.

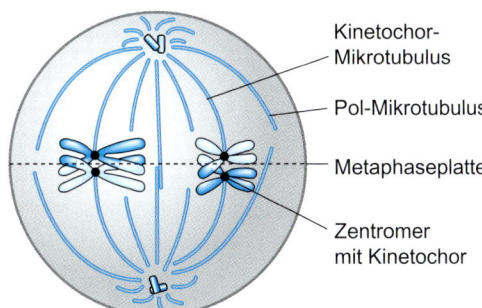

Abb. 2.10 Metaphase I: Bildung von Tetraden

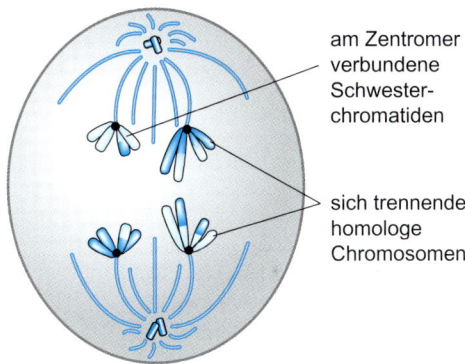

Abb. 2.11 Anaphase I: Trennung der homologen Chromosomen

- Jedes Chromosom besteht noch aus zwei am Zentromer miteinander verbundenen Schwesterchromatiden.

Hier liegt der zentrale Unterschied zur Mitose:
- In der Anaphase der Mitose werden die **Schwesterchromatiden** getrennt.
- In der Anaphase I der Meiose werden die **homologen Chromosomen** getrennt.

Der zuvor diploide Chromosomensatz wird auf einen haploiden Satz reduziert. Die 1. meiotische Teilung wird deshalb auch als **Reduktionsteilung** bezeichnet.

Telophase I und Zytokinese
- An jedem Zellpol sammelt sich ein haploider Chromosomensatz.
- Die Kernhülle und die Nucleoli bilden sich wieder (→ Abb. 2.12).
- Gleichzeitig schnürt sich die Zelle ab und es entstehen zwei Tochterzellen.

Interkinese
Der kurze Zeitraum zwischen beiden meiotischen Teilungen wird **Interkinese** genannt. Die Interkinese entspricht einer stark verkürzten Interphase, bei der aber keine DNA-Replikation erfolgt.

■ Die 2. Reifeteilung

Durch die Reduktionsteilung (1. Reifeteilung) sind zwei haploide Zellen mit bereits verdoppelten Chromosomen entstanden. In der 2. meiotischen Teilung trennen sich nun die Schwesterchromatiden. Der Ablauf ist mit der mitotischen Zellteilung vergleichbar und wird deshalb nur kurz dargestellt.

Prophase II
- Die Chromosomen verdichten sich.
- Die Zentrosomen wandern zu den Zellpolen.
- Die Teilungsspindel bildet sich.
- Die Nucleoli lösen sich auf und die Kernhülle zerfällt.

2 Zellzyklus und Zellteilung

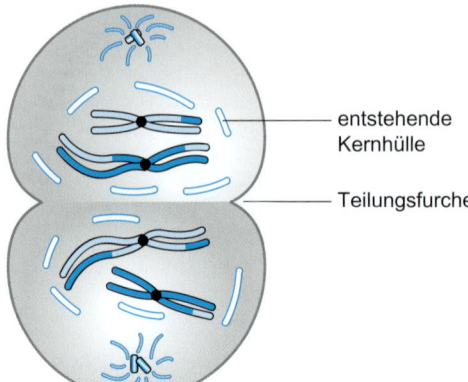

Abb. 2.12 Telophase I und Zytokinese: Bildung zweier haploider Zellen mit doppelten Chromatiden

Metaphase II
- Die Chromosomen ordnen sich in der Metaphasenplatte an.
- Die Schwesterchromatiden jedes Chromosoms zeigen zu entgegengesetzten Polen.
- Die Kinetochor-Mikrotubuli greifen an den Zentromeren an.

Anaphase II
- Die Schwesterchromatiden werden getrennt.
- Die Chromatiden wandern zu den Zellpolen.

Telophase II und Zytokinese
Die Zellkerne formieren sich und die Zelle teilt sich. Es liegen nun **vier haploide Zellen** vor. Die vier haploiden Tochterzellen sind wegen der Rekombination durch Crossing Over in Prophase I und der zufälligen Verteilung der väterlichen und mütterlichen Chromosomen in Metaphase I voneinander genetisch verschieden. Trennen sich Schwesterchromatiden oder homologe Chromosomen nicht voneinander, wird dies als **Non-Disjunction** bezeichnet. Non-Disjunction ist die Ursache **numerischer Chromosomenaberrationen**.

> Funktionen der Meiose:
> - Reduktion des **diploiden** auf einen **haploiden** Chromosomensatz.
> - Erzeugen einer genetischen Vielfalt der Keimzellen durch:
>   – Zufällige Verteilung der homologen mütterlichen und väterlichen Chromosomen.
>   – **Crossing Over.**

■ Die Bildung der Keimzellen

Beim Menschen entstehen aus den **Spermatogonien** des Mannes die **Spermien** und aus den **Oogonien** der Frau die **Oozyten** (Eizellen). Spermatogenese und Oogenese folgen dem gleichen Prinzip der meiotischen Teilung. Es bestehen aber Unterschiede bezüglich der Zeitpunkte, an denen die einzelnen Phasen der Meiose ablaufen sowie bei der Zytokinese.

Spermatogenese
Die Spermatogenese des Mannes erfolgt ab der Pubertät und kann das ganze Leben hindurch anhalten.
Die Spermatogonien sind diploid, sie werden bis zur Pubertät angelegt. Nach Erreichen der Geschlechtsreife führen die Spermatogonien mitotische, differenzielle Teilungen aus. Bei einer **differenziellen Teilung** gleicht eine der Tochterzelle der ursprünglichen Zelle, hier der Spermatogonie, die andere Tochterzelle differenziert weiter zu einem anderen Zelltyp, in diesem Fall zur Spermatozyte I (→ Abb. 2.13).
- Die Spermatozyte I verdoppelt ihre DNA und beginnt die 1. meiotische Teilung.
- Es entsteht die haploide Spermatozyte II, die unmittelbar nach der? die 2. meiotische Teilung beginnt.
- Aus der 2. Teilung der beiden Spermatozyten II gehen vier haploide Spermatiden hervor.
- Die Spermatiden reifen weiter zu funktionsfähigen Spermien.

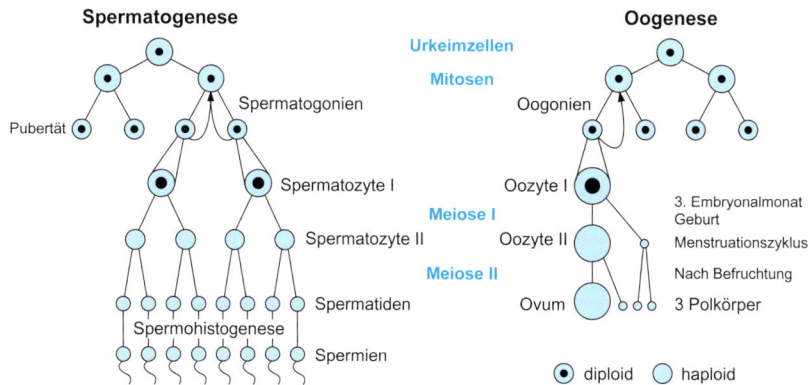

Abb. 2.13 Spermatogenese und Oogenese

Oogenese

Bei den Gameten der Frau beginnt die 1. meiotische Teilung bereits vor der Geburt. Die Fruchtbarkeit der Frau endet mit der Menopause.

- Die Urkeimzellen differenzieren sich beim weiblichen Fetus ab der 5. Woche bis etwa zum 5. Monat zu Oogonien.
- Die Oogonien differenzieren zwischen dem 3. und 7. Monat weiter zu den Oozyten I (→ Abb. 2.13).
- Die diploiden Oozyten I verdoppeln ihre DNA und treten in die 1. meiotische Teilung ein.

> Bei der Geburt sind alle Oozyten angelegt und haben die 1. meiotische Teilung begonnen. Die Zellen bleiben im **Diktyotänstadium,** einem Ruhezustand, in dem sie bis zu mehreren Jahrzehnten verweilen. Die Chromatinstruktur der Chromosomen lockert sich dabei wieder etwas auf. Die Chiasmata bleiben erhalten.

- Nach der Geschlechtsreife führen bei jedem Menstruationszyklus etwa 50 Oozyten I die Teilung fort, aber nur eine der Oozyten beendet die Teilung und reift zum **Graaf-Follikel** aus.
- Die Zytokinese erfolgt inäqual, eine der beiden neugebildeten Zellen erhält praktisch das gesamte Zytoplasma. Sie bildet eine **Oozyte II** und die andere ein kleineres **Polkörperchen.**
- Die 2. meiotische Teilung wird in der Metaphase angehalten. Die Oozyte II gelangt bei der Ovulation in den Eileiter, dort kann sie von einem Spermium befruchtet werden.
- Nach der Befruchtung läuft die 2. meiotische Teilung weiter. Aus erneut inäqualer Zytokinese entstehen die reife Eizelle (Ovum) und wieder ein Polkörperchen. Das haploide Genom des Spermiums verschmilzt mit dem haploiden Genom der Eizelle. Die befruchtete Eizelle wird dann als **Zygote** bezeichnet.
- Auch das 1. Polkörperchen teilt sich nochmals. Insgesamt entstehen aus einer Oozyte I eine reife Eizelle und drei Polkörperchen, die später degenerieren.

■ CHECK-UP

- ☐ Welche Funktionen hat die Meiose?
- ☐ Was geschieht bei der 1. und 2. meiotischen Teilung?
- ☐ Erklären Sie Ablauf und Funktion des Crossing Over.
- ☐ Welche Besonderheit tritt bei der Oogenese in der 1. Reifeteilung auf?
- ☐ Worin unterscheiden sich Spermatogenese und Oogenese?
- ☐ Zu welchen Zeitpunkten wird die Meiose bei der Oogenese angehalten?

2 Zellzyklus und Zellteilung

 Zelltod

Apoptose
Jede Zelle des Organismus besitzt ein Selbstzerstörungsprogramm. Apoptose ist das durch ein internes oder externes Signal ausgelöste Absterben einer Zelle.
- Die Apoptose beginnt mit der Aktivierung von Endonukleasen und Proteasen, die DNA und Proteine spalten. Die wichtigsten an der Apoptose beteiligen Enzyme werden **Caspasen** genannt.
- In den Mitochondrien wird die äußere Membran durchlässig, die ATP-Produktion wird gestoppt.
- Im morphologischen Bild der Zelle sind mikroskopisch die Fragmentierung der DNA und der Zerfall von Kernhülle und Mitochondrienmembranen zu erkennen. Es lässt sich ein Volumenverlust der Zelle, die Bildung von Vakuolen im Zytoplasma und der Zerfall des Zellkerns in basophile Körper beobachten.
- Im Gegensatz zu nekrotischen Zellen werden zytoplasmatische Bestandteile nicht in das umgebende Gewebe entlassen, sondern es bilden sich membranumschlossene **Apoptosekörper**. Es kommt daher nicht zu Entzündungsreaktionen.
- Die entstandenen Apoptosekörper werden von phagozytierenden Zellen erkannt und aufgenommen.
- Der gesamte Apoptosevorgang ist in einem Zeitraum von Minuten bis einigen Stunden abgeschlossen.

Die Apoptose wird in verschiedenen Situationen ausgelöst:
- Bei irreparablen Schäden; Auslöser der internen Signalkette ist oft das Protein **p53**.
- Zu Tumorzellen entartete Zellen erhalten ein externes Signal zur Apoptose durch Signalmoleküle, z. B. Tumornekrosefaktor- α (TNF-α).
- In der Embryogenese werden teilweise zunächst Gewebe angelegt, die sich dann in späteren Stadien wieder zurückbilden.
- T-Lymphozyten, die auf körpereigene Merkmale reagieren, erhalten im Thymus den Befehl zur Apoptose.

Nekrose
Die Nekrose ist der Zelltod als Folge eines Gewebeschadens. Morphologische Zeichen nekrotischer Gewebe sind:
- Fragmentierung des Zellkerns (Karyohexis).
- Auflösung des Zellkerns (Karyolyse).
- Verdichtung des Zellkerns (Kernpyknose).
- Ruptur der Zellmembran.

> Bei der Nekrose wird die Zellmembran zerstört. Es werden Enzyme freigesetzt, die das umliegende Gewebe angreifen. Die Nekrose ist deshalb stets von Entzündungserscheinungen begleitet.
> Bei der Apoptose kommt es dagegen nicht zu Entzündungsreaktionen.

■ CHECK-UP
- ☐ Worin unterscheiden sich Apoptose und Nekrose?
- ☐ In welchen Situationen wird die Apoptose ausgelöst und welche Proteine sind daran beteiligt?

Und jetzt üben mit den wichtigsten IMPP-Fragen: http://www.mediscript-online.de/Fragen/Wenisch-Biologie_Kap02 (Anleitung zum Einloggen s. Buchdeckel-Innenseite)

3 Signaltransduktion

Die Zellen eines jeden Organismus kommunizieren miteinander. Signalgebende Zellen senden Botenstoffe aus, die von spezifischen Rezeptorproteinen der signalempfangenden Zellen erkannt werden und dort Reaktionen auslösen.
- **Endokrine** Zellen geben Hormone in die Blutbahn ab. Diese Botenstoffe verteilen sich im gesamten Organismus und erreichen auch weit entfernte Zielgewebe.
- **Parakrine** Zellen geben regulatorisch wirkende Substanzen in den interstitiellen Raum ab. Die Botenstoffe verteilen sich in der unmittelbaren Umgebung und wirken daher nur lokal.
- **Autokrine** Signalübertragung ist ein Weg der Selbstregulation. Die Zelle gibt einen Botenstoff ab, der auf sie selbst wirkt.

Nur einige der Botenstoffe entfalten ihre Wirkung direkt. In anderen Fällen löst das äußere primäre Signal in der Zelle zunächst ein sekundäres Signal aus, das einen intrazellulärer Botenstoff aktiviert, einen **Second Messenger.** Diese Umwandlung von einem Signal in ein anderes wird als **Signaltransduktion** bezeichnet.

> Oft findet eine ganze Kette von Signalübertragungen statt, bis in der Zielzelle schließlich die gewünschte Reaktion auftritt. In der Regel findet durch eine solche **Signalkaskade** eine Verstärkung statt, sodass schon wenige extrazelluläre Signalmoleküle eine starke Reaktion der Zielzelle auslösen.
> Durch eine Verteilung innerhalb der Signalkaskade kann ein primäres Signal gleichzeitig mehrere Reaktionen in der Zielzelle auslösen.

Daneben ist auch eine kontaktabhängige Signalübertragung durch direkte Zell-Zell-Kontakte möglich. Denn durch **Gap Junction** sind Zellen elektrisch und chemisch miteinander gekoppelt. Im Nervensystem wird ein Signal entlang der Nervenzelle elektrisch weitergeleitet und an den Schaltstellen zwischen den Neuronen, den Synapsen, durch chemische Botenstoffe, die **Neurotransmitter,** übertragen.

■ Signalmoleküle

Abhängig von der Art der Signalmoleküle unterscheidet sich der Weg der Signaltransduktion:
- **Steroidhormone,** Kalzitriol und die Schilddrüsenhormone sind lipophil. Sie durchdringen die Zellmembran und binden im Zytoplasma an einen für den jeweiligen Botenstoff spezifischen Rezeptor. Erst der Hormonrezeptor-Komplex besitzt eine regulierende Wirkung. Der Komplex wandert durch die Kernporen in den Zellkern, wo er die Transkription der DNA modifiziert und damit die Proteinbiosynthese steuert.
- **Peptidhormone** docken an Rezeptoren an der Außenseite der Zellmembran an und lösen damit eine intrazelluläre Signalkaskade aus.
- **Ionen** und **kleine Moleküle** können über Gap Junction zwischen Zellen ausgetauscht werden. Die Zellen sind elektrisch sowie im pH-Wert gekoppelt.
- Nervenzellen sind an den **Synapsen** durch einen kleinen Zwischenraum, den **synaptischen Spalt,** getrennt. Die signalgebende Zelle entlässt durch Exozytose chemische Botenstoffe. Diese Neurotransmitter binden an Rezeptoren der Empfängerzelle.

■ Signalrezeptoren

Hydrophile Signalmoleküle binden an membrangebundene Signalrezeptoren auf der Zelloberfläche. Die Rezeptorproteine lassen sich einteilen in:
- Ionengekoppelte Rezeptoren.
- G-Protein-gekoppelte Rezeptoren.
- Enzymgekoppelte Rezeptoren.

Ionengekoppelte Rezeptoren
Ionengekoppelte Rezeptoren sind **Ionenkanäle,** die durch Liganden gesteuert werden. Ein Signalmolekül bindet an ein Transmembranprotein. Dieses ändert daraufhin seine Konformation und öffnet oder schließt einen Kanal für eine bestimmte Sorte von Ionen, Na^+, K^+, Ca^{2+} oder Cl^-.

G-Protein-gekoppelte Rezeptoren
Viele Signalmoleküle nutzen **G-Protein-gekoppelte Rezeptoren.** Diese Rezeptoren durch-

3 Signaltransduktion

spannen die Zellmembran mit sieben α-Helices. Zwischen den Helices faltet sich die Polypeptidkette zu Schleifen, an denen an der Zelloberfläche spezifisch die Signalmoleküle binden und an der Innenseite der Membran ein **G-Protein**.
G-Proteine sind eine Molekülfamilie, die Guaninnukleotide bindet. Sie fungieren wie ein Schalter, dessen Stellung davon abhängt, ob das Protein Guanosindiphosphat (GDP) oder Guanosintriphosphat (GTP) gebunden hat. Mit gebundenem GTP ist das G-Protein aktiv, mit GDP inaktiv. G-Proteine nehmen eine Schlüsselrolle in der Signaltransduktion zwischen dem Rezeptorsystem und den Second Messengern ein.

Enzymgekoppelte Rezeptoren

Die **enzymgekoppelten Rezeptoren** sprechen auf **Wachstumsfaktoren** an, die als extrazelluläre Signale die Zellen zur Teilung anregen.
Auch diese Rezeptoren sind Transmembranproteine. Nachdem der Rezeptor den Liganden gebunden haben, gewinnt der ins Zytoplasma ragende Teil des Rezeptors enzymatische Aktivität. Die meisten enzymgekoppelten Rezeptoren gehören zur Klasse der **Tyrosinkinase-Rezeptoren.** Ihr enzymatischer Teil katalysiert die Übertragung eines Phosphats von ATP auf die Aminosäure Tyrosin eines Substratproteins.

■ CHECK-UP

- ☐ Wie ist der Signalweg bei endokrinen, parakrinen und autokrinen Zellen?
- ☐ Was ist ein Second Messenger?
- ☐ Welche Arten von Signalmolekülen und Signalrezeptoren kennen Sie?

Und jetzt üben mit den wichtigsten IMPP-Fragen: http://www.mediscript-online.de/Fragen/Wenisch-Biologie_Kap03 (Anleitung zum Einloggen s. Buchdeckel-Innenseite)

4 Molekulare Genetik

- Aufbau und Replikation der DNA 37
- DNA-Reparatur 41
- Transkription 42
- Proteinbiosynthese 43
- Kartierung von Genen 46
- Repetitive Elemente 47

 Aufbau und Replikation der DNA

In allen Lebewesen dienen Nukleinsäuren zur Kodierung der genetischen Information. Der gesamte Bauplan eines Lebewesens wird durch die Reihenfolge der Basen in der **Desoxyribonukleinsäure** (DNA) beschrieben. **Ribonukleinsäuren** (RNA) dienen zur Ablesung (Transkription) der Information vom DNA-Molekül und ihrer weiteren Verarbeitung. Nur einige Viren verwenden RNA als Speicher ihres Bauplans.

Die DNA-Menge im menschlichen Zellkern beträgt etwa 6×10^{-12} g. Sie ist aus etwa 3×10^9 **Nukleinbasenpaaren** zusammengesetzt. Der weitaus größte Anteil der DNA besteht aus nicht kodierenden Sequenzen wie Introns und Pseudogenen. Der Anteil kodierender Sequenzen am gesamten Genom liegt bei weniger als 3 %. Bei einer durchschnittlichen Länge eines Gens von 2.000 Nukleotiden ohne Introns böte das menschliche Genom Platz für 1,5 Millionen Gene. Tatsächlich enthält das menschliche Genom, wie auch das der meisten anderen Säuger, nur etwa 30.000 Gene. Durch differenzielles Spleißen kann aber eine deutlich höhere Zahl von Genprodukten erzeugt werden.

- Ein **Nukleotid** der DNA besteht aus dem Zucker **Desoxyribose** einer Phosphatgruppe und einer der Nukleinbasen **Adenin, Zytosin, Guanin** oder **Thymin**.
- Im Rückgrat eines DNA-Strangs wechseln sich Desoxyribose und Phosphat ab, die jeweils kovalent miteinander verbunden sind.
- Die Phosphatgruppen sind an das C3- und das C5-Atom des zyklischen Halbazetals der Desoxyribose gebunden. Am DNA-Strang ist deshalb eine Richtung erkennbar, es ergibt sich ein 5'- und ein 3'-Ende.

Das menschliche Genom:
- DNA-Menge ca. 6×10^{-12} g.
- Ca. 3×10^9 Nukleotidbasenpaare.
- Anteil kodierender Sequenzen ca. 3 %.
- Etwa 30.000 Gene.

Aufbau der DNA
- Ein Doppelstrang aus polymerisierten Nukleotiden bildet eine rechtsgängige α-**Doppelhelix** (→ Abb. 4.1).

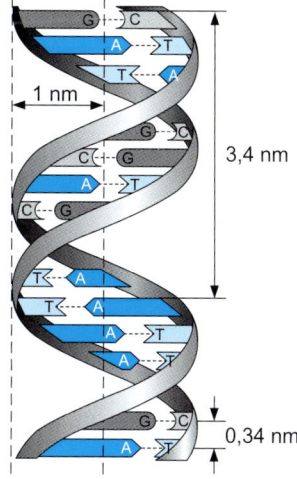

Abb. 4.1 Schematische Darstellung der α-Doppelhelix der DNA

4 Molekulare Genetik

- Zueinander komplementäre DNA-Stränge assoziieren zu einem Doppelstrang, der durch Wasserstoffbrückenbindungen zwischen den Nukleinbasen zusammengehalten wird. Dabei entstehen folgende Basenpaarungen (→ Abb. 4.2):
  - **Adenin-Thymin** (A-T), verbunden durch zwei Wasserstoffbrückenbindungen.
  - **Zytosin-Guanin** (C-G), verbunden durch drei Wasserstoffbrückenbindungen.

Aufbau der RNA
- Das Rückgrat der RNA wird durch den Zucker **Ribose** und Phosphat gebildet.
- Es lässt sich ebenfalls eine Richtung festlegen und ein 5'- von einem 3'-Ende unterscheiden.

- RNA liegt in der Zelle meist einzelsträngig vor. Es können sich aber auch komplementäre Sequenzen zu einem Doppelstrang zusammenlagern.
- Anstelle von Thymin enthält RNA die Nukleinbase **Urazil.** Die Basen der RNA sind daher Adenin, Zytosin, Guanin und Urazil.

Replikation der DNA
Die Replikation der DNA beginnt mit der Entwindung des Doppelstrangs. Eine **Helikase** trennt die DNA-Helix in zwei Einzelstränge. Anschaulich kann der Vorgang mit dem Aufziehen eines Reißverschlusses verglichen werden. Es entsteht eine **Replikationsgabel,** in der beide Stränge jeweils als Matrize für die Synthese dienen. An jedem Einzelstrang wird die komple-

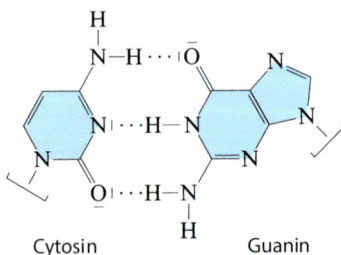

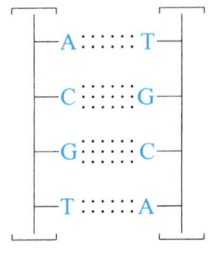

Abb. 4.2 Basenpaarungen der DNA. In den beiden Ketten eines Doppelstrangs stehen sich komplementäre Basen gegenüber.

mentäre Nukleotidsequenz angelagert und der Strang somit wieder zum Doppelstrang ergänzt. Die Nukleinbasen liegen zunächst als **Nukleosidtriphosphate** vor. Zwei Phosphatgruppen werden abgespalten und das entstandene Nukleotid verlängert den neugebildeten DNA-Strang. Dieser Vorgang wird durch eine **DNA-Polymerase** katalysiert. In Bakterien ist dies die DNA-Polymerase III, bei Eukaryonten die DNA-Polymerase δ.

Die DNA-Polymerase kann Nukleotide aber nur an eine bestehende Sequenz anfügen, sie kann die Replikation nicht neu beginnen. Die Replikation startet deshalb mit einem **Primer** (→ Abb. 4.3), einer kurzen komplementären RNA-Sequenz.

Die DNA-Polymerase fügt weitere Nukleotide in **5'-3' Richtung** an den Synthesestrang an. Gegen Ende der Replikation ersetzt eine andere DNA-Polymerase den Primer durch eine DNA-Sequenz.

Beide Stränge der DNA verlaufen antiparallel, d. h. ein Strang in 5'-3'-Richtung, der andere in 3'-5'-Richtung. Die DNA-Polymerasen können ein Nukleotid aber nur am 3'-Ende eines DNA-Strangs hinzufügen. An der Replikationsgabel erfolgt die DNA-Synthese daher abhängig von der Richtung des Strangs unterschiedlich (→ Abb. 4.4).

Es wird zwischen einem **Leitstrang** und einem hier fehlt was
unterschieden. Am Leitstrang erfolgt die DNA-Synthese kontinuierlich in 5'-3'-Richtung. Am Folgestrang verläuft die Synthese diskontinuierlich entgegen der Entspiralisierungsrichtung:

- In 5'-3'-Richtung werden kurze, als **Okazaki-Fragmente** bezeichnete DNA-Sequenzen mit einer Länge von etwa 1.000–2.000 Nukleotiden gebildet.
- Anschließend werden die Primer der Okazaki-Fragmente durch DNA ersetzt und die Replikationsabschnitte durch eine **Ligase** verbunden. Ligase ist ein Enzym, das DNA-Abschnitte durch Phosphodiesterbindungen zusammenfügt.

Die Replikation der DNA beginnt an bestimmten Stellen, den sogenannten **Origins,** deren DNA-Sequenz von spezialisierten Enzymen erkannt wird. In den Chromosomen der Bakterien geht die DNA-Replikation nur von einem Replikationsursprung aus, in den Zellen der Eukaryonten startet die Replikation gleichzeitig an mehreren Stellen. Hier gibt es einige hundert bis mehrere tausend Origins. Ein vom selben Origin aus replizierter Chromosomenabschnitt, wird als **Replikon** bezeichnet.

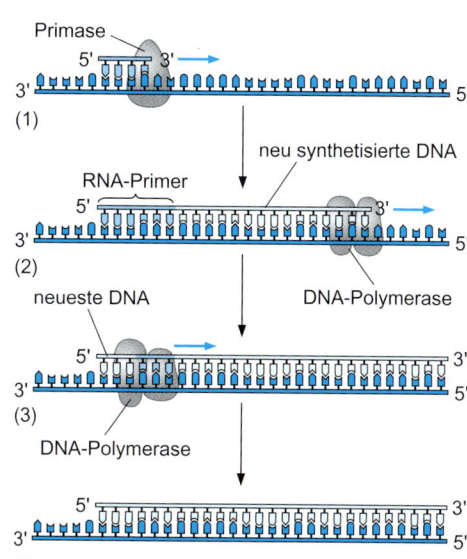

Abb. 4.3 Ablauf der der DNA-Replikation:
(1) Die Replikation startet mit einem RNA-Primer
(2) Eine DNA-Polymerase setzt DNA-Nukleotide in 5'→3'Richtung an
(3) Eine andere DNA-Polymerase ersetzt den Primer durch DNA
(4) Das neue DNA-Segment ist fertiggestellt

4 Molekulare Genetik

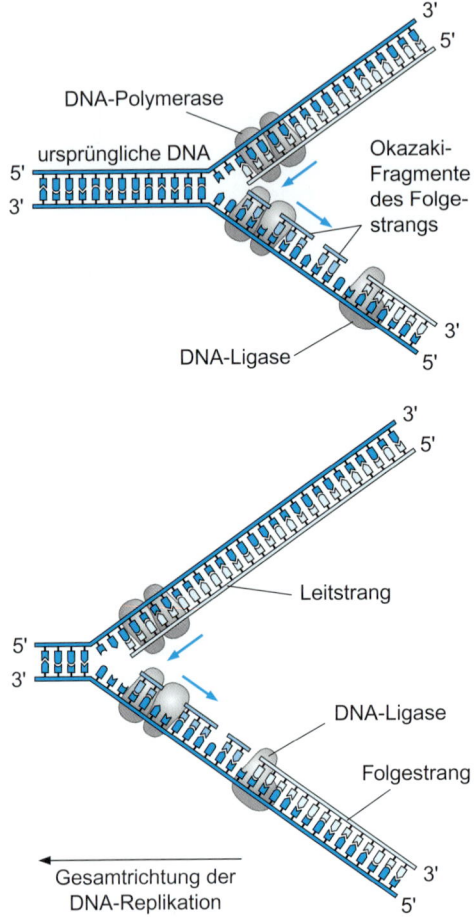

Abb. 4.4 Replikation der DNA am Leit- und Folgestrang:
(1) die DNA-Polymerase verlängert den neuen Strang in 5'-3'-Richtung
(2) der Leitstrang wird durchgehend synthetisiert
(3) am Folgestrang werden kurze Sequenzen in 5'-3'-Richtung synthetisiert, die Okazaki-Fragmente
(4) Ligase verbindet die Okazaki-Fragmente

Die Replikation schreitet an jedem Origin in beide Richtungen fort. Es bildet sich eine **Replikationsblase,** die sich nach beiden Seiten ausdehnt. Die Replikationsblasen wachsen aufeinander zu und vereinigen sich. Nach abgeschlossener Replikation liegen zwei DNA-Doppelstränge vor. Die neuen Doppelstränge bestehen jeweils aus einem Matrizen- und einem neugebildeten Einzelstrang. Deshalb wird der gesamte Vorgang als **semikonservative Replikation** bezeichnet.

■ CHECK-UP
- ☐ Beschreiben Sie den Aufbau des DNA-Moleküls.
- ☐ Worin unterscheiden sich DNA und RNA?
- ☐ Erklären Sie den Vorgang der DNA-Replikation.
- ☐ Warum gibt es einen Leit- und einen Folgestrang?
- ☐ Was versteht man unter einem Replikon?

DNA-Reparatur

Am DNA-Molekül entstehen spontan oder durch äußere Einflüsse, z. B. freie Radikale, Chemikalien oder ionisierende Strahlung, verschiedene Arten von Schäden.
Dazu gehören:
- Einzelstrangbrüche.
- Doppelstrangbrüche.
- Veränderungen der Nukleinbasen.
- Bildung von Pyrimidin-Dimeren, v. a. Thymin-Dimere nach UV-Bestrahlung.

Die Fehlerfreiheit der genetischen Information ist essenziell für das Überleben der Zelle. Deshalb haben die Zellen mehrere Reparatursysteme zur Beseitigung von DNA-Schäden entwickelt.
Hier wird exemplarisch die Exzisionsreparatur beschrieben, mit der Pyrimidin-Dimere, Basenschäden und DNA-Einzelstrangbrüche repariert werden (→ Abb. 4.5):
- Einzelstrangbrüche, beschädigte Nukleinbasen oder Dimere benachbarter Pyrimidinbasen führen zu einer Verformung des DNA-Strangs, die von Reparaturenzymen erkannt wird.
- **Endonukleasen** trennen den beschädigten DNA-Strang auf beiden Seiten der Schadensstelle in einem Abstand von einigen Basenpaaren.
- **Exonukleasen** trennen die Basensequenz zwischen den Einschnitten heraus.
- Der verbliebene Einzelstrang wird als Matrize benutzt, an der **Polymerasen** die entfernte DNA-Sequenz des beschädigten Strangs neu synthetisieren.
- Die Reparatur wird abgeschlossen, indem die Segmente des DNA-Strangs durch eine **Ligase** verbunden werden.

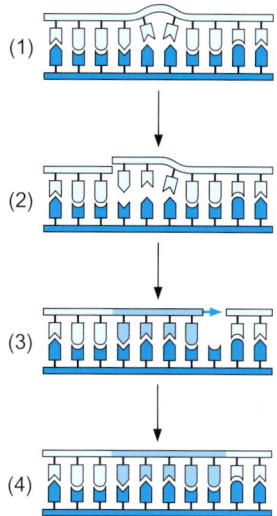

Abb. 4.5 Schematische Darstellung der Exzisionsreparatur:
1) Die Verformung der DNA durch ein Pyrimidin-Dimer wird erkannt
2) Nukleasen trennen den Strang auf beiden Seiten der Schadensstelle und schneiden einige Nukleotide heraus
3) Die Nukleotidsequenz wird komplementär zum vorhandenen Strang neu eingesetzt
4) Eine Ligase verbindet im Rückgrat des DNA-Strangs die neue Sequenz mit dem übrigen Strang

■ CHECK-UP

☐ Welcher DNA-Schaden tritt besonders häufig nach UV-Bestrahlung auf und wie wird er repariert?

4 Molekulare Genetik

 Transkription

Von der Basensequenz des DNA-Moleküls wird zur weiteren Verwendung im Zellstoffwechsel ein komplementärer RNA-Strang hergestellt. Dieser Vorgang des Umschreibens von DNA in RNA wird als **Transkription** bezeichnet.
Es werden jeweils einzelne, als Gene bezeichnete, Abschnitte der DNA abgelesen, die die Information für ein bestimmtes Produkt enthalten. Dieses Produkt ist in der Regel ein Polypeptid (Protein) oder eine RNA.

> Ein **Gen** ist ein DNA-Abschnitt, der ein funktionelles Produkt kodiert.

■ Struktur der Gene

Ein Gen bildet einen Funktionsabschnitt der DNA, der in aufeinanderfolgende Regionen gegliedert ist, die kodierende und nichtkodierende Sequenzen enthalten (→ Abb. 4.6).
- Das Gen beginnt mit dem **Promotor**, einer regulatorischen Region, die nicht transkribiert wird. Dort wird durch die Bindung von Aktivatoren oder Repressoren die Transkription des Gens an- oder abgeschaltet.
- Das Gen wird zwischen Promotor und Terminator transkribiert.
- Im transkribierten Bereich befinden sich kodierende Sequenzen, **Exons** genannt, zwischen die sich im Laufe der Evolution nichtkodierende Sequenzen bisher unbekannter Funktion, **Introns**, eingeschoben haben.
- Der **Terminator** bildet das Signal für die Beendigung der Transkription.

Introns sind charakteriststisch für die Gene der Eukaryoten. Das Genom der Prokaryoten enthält keine Introns.

■ Ablauf der Transkription

Die Transkription der DNA ähnelt dem Vorgang der Replikation:
- Die DNA entwindet sich und an einem Einzelstrang wird eine komplementäre Sequenz synthetisiert, die bei der Transkription aus RNA besteht. Anstelle des Thymins der DNA wird aber in der RNA-Synthese die Nukleinbase **Urazil** verwendet.
- Die Transkription beginnt am Promotor. Dort binden die Transkriptionsenzyme und weitere Transkriptionsfaktoren. Die **RNA-Polymerasen** benötigen im Gegensatz zu den DNA-Polymerasen keine Primer.
- Die RNA-Synthese verläuft immer in 5'-3'-Richtung, sie findet deshalb nur an dem in 3'-5'-Richtung laufenden DNA-Strang statt.
  - Der Strang, der als Matrize dient, wird **Template-Strang, Antisense-Strang** oder **Minus-Strang** genannt.
  - Der andere Strang stimmt in Richtung und Sequenz mit der gebildeten RNA überein. Er wird deshalb als **kodierender Strang, Sense-Strang** oder **Plus-Strang** bezeichnet.

> - Die RNA enthält **Urazil** anstelle von Thymin.
> - RNA-Polymerasen benötigen **keine Primer.**
> - RNA wird nur in **5'-3'-Richtung** synthetisiert und erfolgt deshalb nur an einem DNA-Strang.

■ RNA-Prozessierung

Bei der Transkription entsteht zunächst ein Vorläufer der messenger RNA (mRNA), die **heterogene nukleäre RNA** (hnRNA) oder **prä-mRNA**. Sie enthält kodierende und nichtkodierende Sequenzen des Gens.
Unmittelbar auf die Synthese folgt noch im Zellkern die Prozessierung der prä-mRNA zur reifen mRNA. Erst an der **mRNA** erfolgt schließlich die Translation.
Bei der RNA-Prozessierung erfolgen drei Modifikationen:

Capping. An das 5'-Ende bindet das Nukleotid 7-Methyl-Guanosin über eine Triphosphatbrücke. Mit diesem Cap (engl. für Kappe) heftet sich später die mRNA an das Ribosom an.

| Promotor | Exon | Intron | Exon | Intron | Exon | Terminator |

Abb. 4.6 Aufbau eines Gens

Polyadenylierung. An das 3'-Ende wird eine Sequenz aus 50–200 Adenin-Nukleotiden angeheftet, der sogenannte **Poly-A-Schwanz** (→ Abb. 4.7). Er dient dem Schutz der mRNA vor zytoplasmatischen Nukleasen.

Spleißen (Splicing). Die Introns werden herausgeschnitten und die verbleibenden kodierenden Sequenzen zusammengefügt. So entsteht die fertige mRNA.

Alternatives Spleißen. Bei vielen Genen des Menschen wird die mRNA an den Spleißstellen in verschiedener Folge zusammengesetzt. Beispielsweise können einzelne Exons übersprungen werden. Dies wird **differenzielles** oder **alternatives Spleißen** genannt. Aufgrund der Kombinationsvarianten lassen sich aus einer hnRNA mehrere unterschiedliche mRNA-Sequenzen generieren, z. B. zur Synthese gewebespezifischer Proteine. Mutationen, die vorhandene Spleißstellen deaktivieren oder neue falsche Spleißstellen erzeugen, werden **Spleißmutationen** genannt.

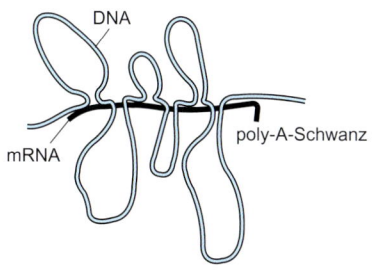

Abb. 4.7 In-vitro-Hybrid einzelsträngiger DNA (als Doppellinie dargestellt) mit der komplementären, schon prozessierten, reifen mRNA. Die Introns bilden heraushängende Schleifen. Das gezeigte Gen weist 7 Exons und 6 Introns auf

Regulation der Transkription

Ein Gen wird erst auf bestimmte Signale hin transkribiert. Es müssen spezifische **Transkriptionsfaktoren** an die Promotorregion des Gens binden, um die Transkription zu initiieren. Neben dem Promotor besitzen die Gene noch weitere regulatorische Regionen: **Enhancer** (Verstärker) und **Silencer.** Dort binden Proteine, die den Transkriptionsvorgang fördern oder hemmen.

Ein Mechanismus der Geninaktivierung speziell bei Wirbeltieren ist die Methylierung der DNA. Dabei wird Zytosin in der Promotorregion des Gens zu 5-Methylcytosin abgewandelt. In anderen Eukaryonten, z. B. bei Insekten, wird dieser Mechanismus nicht beobachtet.

Die Induktion oder Repression der Genexpression wird auch durch extrazelluläre Kommunikationssignale gesteuert. Hormone, besonders die Steroidhormone wirken als Transkriptionsfaktoren.

Viele Gene werden geschlechtsspezifisch oder unter bestimmten äußeren Bedingungen dauerhaft aktiviert oder inaktiviert. Diese **differenzielle Genaktivität** ist die Grundlage der Differenzierung verschiedener Zelltypen aus einer Stammzelle und der Geschlechtsentwicklung.

■ CHECK-UP

- ☐ Warum gibt es einen Plus- und Minus-Strang der DNA und an welchem dieser Stränge erfolgt die Transkription?
- ☐ Was geschieht beim Spleißen der DNA?

Proteinbiosynthese

Bei Genen, die für Proteine kodieren, folgt auf die Transkription die Übersetzung in eine Aminosäuresequenz (Translation). Beides zusammen wird Proteinbiosynthese genannt.

■ Genetischer Code

Die mRNA verlässt den Kern und wandert zu den Ribosomen im Zytoplasma, dem Ort der Translation. Die Sequenz der Nukleinbasen der

4 Molekulare Genetik

mRNA gibt die Reihenfolge vor, in der die Aminosäuren an den Ribosomen verkettet werden. Die Nukleinbasen bilden den **genetischen Code**. Mit den verschiedenen Kombinationen der vier „Buchstaben" A (Adenin), G (Guanin), C (Zytosin) und U (Urazil) des „genetischen Alphabets" werden die 20 proteinogenen Aminosäuren gekennzeichnet.

> Jeweils drei aufeinanderfolgende Nukleinbasen der mRNA bilden ein **Triplet**, das eine Aminosäure kodiert. Das Basentriplett wird **Kodon** genannt. Der genetische Code ist universell, d. h. er ist bei allen Organismen identisch, vom Mikroorganismus bis zum Menschen.

Es existieren $4^3 = 64$ mögliche Kodons. Fast alle der 20 proteinogenen Aminosäuren werden durch mehrere Kodons festgelegt, die sich in ihrer dritten Base unterscheiden. Der genetische Code lässt sich in Form einer Code-Sonne darstellen (→ Abb. 4.8). Das Kodon wird von innen nach außen gelesen. So wird z. B. die Aminosäure Alanin von den Kodons GCU, GCC, GCA und GCG kodiert. Ein Austausch der dritten Base bliebe bei diesen Basentripletts ohne Folgen.
Einige Kodons kodieren nicht für Aminosäuren, sie legen Beginn und Ende der Translation fest. Die Basentripletts der mRNA folgen ohne Abgrenzung unmittelbar aufeinander. Theoretisch sind daher drei gegeneinander versetzte **Leseraster** denkbar. Das richtige Leseraster für die Translation wird am Anfang durch ein **Startkodon** festgelegt. Bei den Eukaryonten ist die Sequenz des Startkodons AUG. Bei Bakterien wird manchmal auch GUG als Startkodon verwendet. Eines der drei möglichen **Stoppkodons** UAA, UAG oder UGA zeigt das Translationsende an. Diese Stoppkodons werden manchmal auch als ochre, amber und opal bezeichnet (→ Abb. 4.8).

■ **Translation**

Transfer-RNA
Die Translation der mRNA in die korrespondierende Aminosäuresequenz geschieht mithilfe der **Transfer-RNA** (tRNA). Die tRNA erkennt mit einem Ende ein Codon der mRNA und trägt auf der anderen Seite die korrespondierende Aminosäure, die am Ribosom zu einer Peptidkette verknüpft wird. Für jede Aminosäure existiert mindestens eine spezifische tRNA.
tRNAs bestehen aus 75–90 Nukleotiden. Ihre räumliche Struktur ist mit einem Kleeblatt vergleichbar, sie weist mehrere haarnadelförmige Schleifen und ein stielförmiges Ende auf (→ Abb. 4.9).
Das Ribosom wandert entlang der mRNA in 5'-3'-Richtung. Der Code der dazu komplementären tRNA wird deshalb in → Abb. 4.9 in 3'-5'-Richtung gelesen.
Am 3'-Ende jeder tRNA befindet sich stets die Basenfolge ACC, am 5'-Ende immer Guanin und Phosphat. Am 3'-Ende bindet für jede tRNA spezifisch eine Aminosäure.
Am Kopf der mittleren Schleife befindet sich das **Antikodon**. Es bindet mit einer komplementären Sequenz an ein Kodon der mRNA.
tRNAs enthalten seltene Nukleinbasen, die in anderen Nukleinsäuren nicht vorkommen. Diese

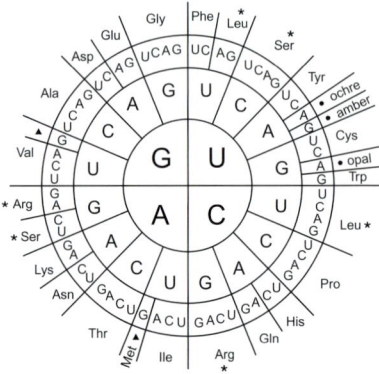

Abb. 4.8 Die Code-Sonne des RNA-Codes wird von innen nach außen gelesen. Beispiel: Lysin (Lys) = AAA oder AAG. Im DNA-Code steht Thymin (T) anstelle von Urazil (U). Die Dreiecke kennzeichnen Startkodons, die Punkte Stoppkodons. (Das Startkodon GUG kommt nur in Bakterien vor.) In vielen Fällen ist die dritte Position nicht von Bedeutung, bei einigen mit * gekennzeichneten Fällen variiert die erste Position

seltenen Basen werden durch chemische Modifikationen aus den üblichen Nukleinbasen gebildet. In der Zelle kommen durchschnittlich nur 45 verschiedene tRNA-Moleküle vor, also weniger als mögliche Kodons. Diese Zahl ist ausreichend, weil einige tRNAs mehrere Kodons erkennen können. Zwischen Kodon und Antikodon ist die Bindung der dritten Base weniger fest und nicht so spezifisch wie bei den beiden ersten Basen.

Ablauf
Die Synthese der Proteine findet an den **Ribosomen** statt. Die Translation läuft in Eukaryoten, Prokaryoten und auch den Mitochondrien nach den gleichen Mechanismen ab.
Die Bindungsstelle für die mRNA liegt zwischen beiden Untereinheiten des Ribosoms. Daneben besitzt das Ribosom noch drei Bindungsstellen für tRNAs, die mit A, P und E bezeichnet werden (→ Abb. 4.10).

- Die mit einer Aminosäure beladene und zum Kodon der mRNA passende tRNA bindet an der A-Stelle (Aminoacyl-tRNA-Bindungsstelle).
- Die tRNA wird zur P-Stelle (Peptidyl-tRNA-Bindungsstelle) verschoben, dabei nimmt sie den mRNA-Strang mit. Das Ribosom rückt somit an der mRNA um ein Kodon weiter.
- Die Aminosäure wird von der tRNA abgetrennt und über eine Peptidbindung an die wachsende Aminosäurekette angehängt.
- Zusammen mit der mRNA rückt die tRNA weiter zur E-Stelle (Exit) und wird dort vom Ribosom wieder freigegeben.
- Die Peptidkette wird auf diese Weise verlängert, bis ein Stoppkodon an der A-Stelle auftritt.

Es können sich gleichzeitig mehrere Ribosomen an einer mRNA entlangarbeiten, so entsteht ein Polyribosom, das abkürzend auch **Polysom** genannt wird.

■ CHECK-UP
- [ ] Was ist ein Kodon?
- [ ] Wie ist die Transfer-RNA (tRNA) aufgebaut?
- [ ] Wie erfolgt die Synthese eines Proteins am Ribosom?

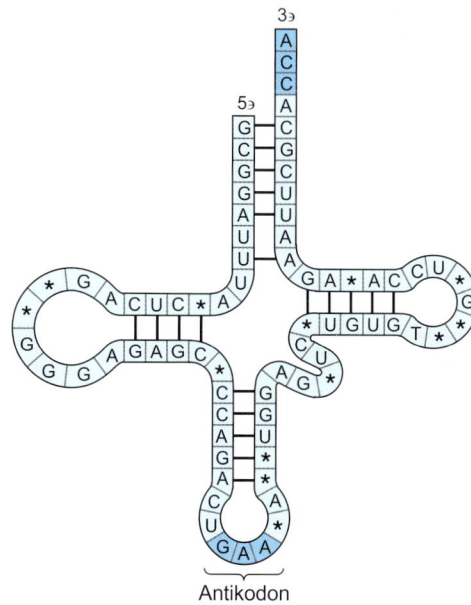

Abb. 4.9 Zweidimensionales Schema einer Transfer-RNA; * steht für besondere, chemisch modifizierte Basen der tRNA. Das Antikodon (3'-AAG-5') bindet an 5'-UUC-3', das mRNA Kodon für Phenylalanin.

4 Molekulare Genetik

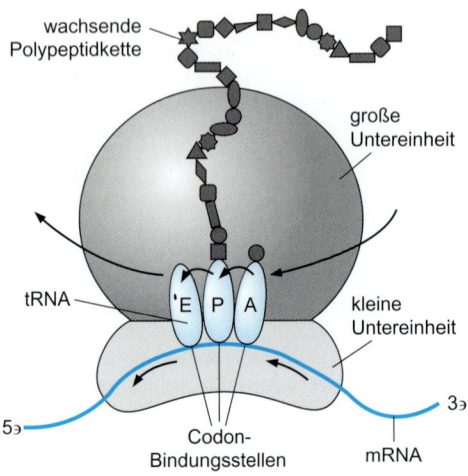

Abb. 4.10 Schematische Darstellung der Proteinsynthese am Ribosom

 Kartierung von Genen

Beim diploiden Chromosomensatz liegt jedes Gen, mit Ausnahme der Gene auf den Geschlechtschromosomen paarweise vor, eines wurde vom Vater, das andere von der Mutter vererbt. Eine Genvariante wird als **Allel** bezeichnet.
Eine spezifische Nukleotidsequenz auf einem Chromosom, die aus einem oder mehreren Allelen bestehen kann, wird **Haplotyp** genannt. Sind beide Haplotypen identisch, ist der Träger bezüglich dieses Erbmerkmals **homozygot,** im anderen Fall ist er **heterozygot.**
Bei der Kartierung von Genen werden zwei Ansätze unterschieden:
- genetische Kartierung.
- physikalische Kartierung.

Genetische Kartierung
Das Verfahren der genetischen Kartierung lässt mittels der Analyse familiärer Vererbung Rückschlüsse auf die Lage einzelner Gene zu. Es wird statistisch geprüft, mit welcher Wahrscheinlichkeit zwei genetische Merkmale getrennt oder gemeinsam vererbt werden.
Die einzelnen Gene sind im Chromosom auf der DNA hintereinander aufgereiht. Nahe beieinanderliegende Gene werden daher fast immer gemeinsam vererbt, sie bilden eine sogenannte

Kopplungsgruppe. In der Meiose werden Chromosomenabschnitte durch Crossing Over getrennt. Weiter voneinander entfernt liegende Gene eines Chromosoms werden deshalb häufiger getrennt vererbt.

Physikalische Kartierung
Die Position einzelner Gene auf den Chromosomen lässt sich inzwischen sehr genau bestimmen. Am verbreitesten ist die Technik der **In-situ-Hybridisierung.** Voraussetzung dafür ist die Kenntnis zumindest wesentlicher Teile der Basensequenz des gesuchten Gens.
Als DNA-Sonde wird eine komplementäre Nukleotidsequenz erzeugt, die radioaktiv oder mit Fluoreszenzfarbstoffen (FISH) markiert wird. Die untersuchten Chromosomen werden so präpariert, dass die DNA entspiralisiert. Unter Renaturierungsbedingungen binden die DNA-Sonden am gesuchten Gen. Die Strahlung oder Fluoreszenz des eingebrachten Markers identifiziert die Position des Gens.
Eine noch detailliertere Information über Lage und Aufbau der Gene liefert die **DNA-Sequenzierung.** Dabei wird die Sequenz der Nukleinbasen in der DNA bestimmt.

Genfamilien

Einige Gene weisen eine sehr ähnliche Basenfolge auf. Eine rein zufällige Übereinstimmung ist hier extrem unwahrscheinlich. Deshalb wird davon ausgegangen, dass im Laufe der Evolution mehrere Gene aus einem gemeinsamen Vorläufer durch Duplikation und anschließende Modifikationen hervorgegangen sind. Diese miteinander verwandten Gene bilden eine **Genfamilie**.

Ein Beispiel für Genfamilien sind die Globingene, die alle aus drei Exons und zwei Introns aufgebaut sind. Hämoglobin ist außer beim Menschen noch bei allen Wirbeltieren und vielen niederen Tieren zu finden.
Neben den funktionalen Globingenen bildeten sich in der Evolution Pseudogene. **Pseudogene** sind funktionslose Nukleotidsequenzen, die funktionalen Genen sehr ähneln.

■ **CHECK-UP**
- Was ist eine Koppelungsgruppe?
- Welche Verfahren der Kartierung von Genen kennen Sie?
- Was verstehen Sie unter einer Genfamilie?

Repetitive Elemente

Die Entwicklung der Genfamilien zeigt, dass sich DNA-Fragmente innerhalb eines Chromosoms an eine andere Stelle oder von einem auf ein anderes Chromosom verlagern können.

Duplikation. Bei Duplikationen bleibt das betreffende DNA-Fragment an seiner Position. Es wird eine Kopie erzeugt, die an einem anderen Ort in das Genom integriert wird.

Transposon. Ein DNA-Abschnitt, der seine Position in Genom wechseln kann wird Transposon genannt. Umgangssprachlich werden Tansposons auch als **springende Gene** bezeichnet.

Retrotransposon. Eine weitere Gruppe mobiler genetischer Elemente sind die Retrotransposons oder kurz Retroposons. Sie enthalten zusätzlich den Code für das Enzym reverse Transkriptase, das die Umschreibung zurück von RNA in DNA bewirkt. Es entsteht ein neues, zusätzliches DNA-Fragment. Somit erfolgt regelmäßig eine Genduplikation.

Horizontaler Gentransfer. Bei Bakterien, Viren und bakterienvermittelt auch bei Pflanzen können mobile genetische Elemente von einer Zelle auf ein andere Zelle der gleichen oder einer anderen Spezies übertragen werden. Die Übertragung von Genmaterial von einer Zelle auf andere Zellen wird als horizontaler Gentransfer bezeichnet.

Die Wahrscheinlichkeit einer spontanen Mutation eines Gens liegt bei etwa 10^{-5} (1:100.000) pro Gen und Generation.

Durch Transposons, Retrotransposons und andere Mutationen sammelten sich im Genom höherer Lebewesen zahlreiche sich wiederholende DNA-Sequenzen an. Nach der Anzahl der Kopien werden diese **repetitiven Elemente** eingeteilt in:
- Einmalige Gene und redundante Gene, die in 1–10 Kopien vorliegen.
- Mittelrepetitive Sequenzen, die in 10–1.000 Kopien vorliegen.
- Hochrepetitive Sequenzen mit mehr als 1.000 Kopien.

Das menschliche Genom enthält etwa 70 % einmalige, 20 % mittelrepetitive und 10 % hochrepetitive DNA.

■ **CHECK-UP**
- Was ist ein Transposon?
- Wie entstehen repetitive Elemente im menschlichen Genom?
- In welcher Kopienzahl liegen mittel- und hochrepetitive Sequenzen im Genom vor?

4 Molekulare Genetik

Und jetzt üben mit den wichtigsten IMPP-Fragen: http://www.mediscript-online.de/Fragen/Wenisch-Biologie_Kap04 (Anleitung zum Einloggen s. Buchdeckel-Innenseite)

5   Vererbungslehre

- Die Chromosomen des Menschen.................................... 49
- Formale Genetik 51
- Imprinting 57
- Mitochondriale Vererbung....................................... 58
- Multifaktorielle Vererbung...................................... 58
- Gonosomen, Geschlechtsbestimmung und Differenzierung.......... 59
- Mutationen 60
- Populationsgenetik... 62

 Die Chromosomen des Menschen

Morphologie und Darstellung der Chromosomen

Das menschliche Genom enthält 46 Chromosomen. Der Chromosomensatz ist diploid (2n). Jeweils ein haploider Satz (n) von 23 Chromosomen befindet sich in den Spermien und Eizellen.

> Die geschlechtsunabhängigen Chromosomenpaare 1–22 werden **Autosomen** genannt. Die homologen Chromosomen eines Autosomenpaars sehen gleich aus.
> **Gonosomen** (auch Heterosomen, von gr. Heteros = anders) sind die beiden Geschlechtschromosomen X und Y.
> XX → weibliches Genom.
> XY → männliches Genom.

Ein **Karyogramm** ist das mikroskopische Bild des Chromosomensatzes (→ Abb. 5.1), in dem die in der Metaphase kondensierten Chromosomen aufgenommen werden.
In der pränatalen Diagnostik werden Zellen für das Karyogramm des Fetus mittels Amniozentese (Fruchtwasserpunktion) gewonnen. Aus dem Karyogramm wird der Karyotyp bestimmt. Der **Karyotyp** gibt die Chromosomenzahl und das genetische Geschlecht an. Üblich ist die Schreibweise 46, XX für die Frau und 46, XY für den Mann.
Auch wenn die Schwesterchromatiden nicht miteinander verbunden sind ist das **Zentromer** am einzelnen Chromatid als Einschnürung erkennbar.

Einige Chromosomen weisen nahe ihren Enden eine weitere Einschnürung auf. Am Ort dieser sekundären Einschnürungen bilden sich später die Nucleolus-Organizer-Regions (NOR). Der Chromosomenabschnitt distal (außenwärts) der sekundären Einschnürung wird als **Satellit** bezeichnet.

Die Chromosomen lassen sich nach mehreren Kriterien typisieren:
- Gesamtlänge
- Lage des Zentromers:
  - Metazentrisch → in der Mitte des Chromosoms.
  - Submetazentrisch → aus der Mitte verschoben; Hier lässt sich ein kurzer Arm (p-Arm) von einem langen Arm (q-Arm) unterscheiden.
  - Subtelozentrisch → deutlich gegen das Chromosomenende verschoben.
  - Akrozentrisch → extrem gegen das Chromosomenende verschoben.
- Existenz von Satelliten.
- Bandenmuster nach spezifischer Färbung.

Nach der Größe und Lage des Zentromers werden die Chromosomen des Menschen in sieben Gruppen eingeteilt (→ Tab. 5.1)
Verschiedene Spezies unterscheiden sich in der Regel in ihrer Chromosomenzahl. Die Anzahl der Chromosomen ist aber nicht proportional zum evolutionären Entwicklungsstadium einer Gattung, sondern sie repräsentiert lediglich eine Anordnung der Transportverpackung der DNA.

5 Vererbungslehre

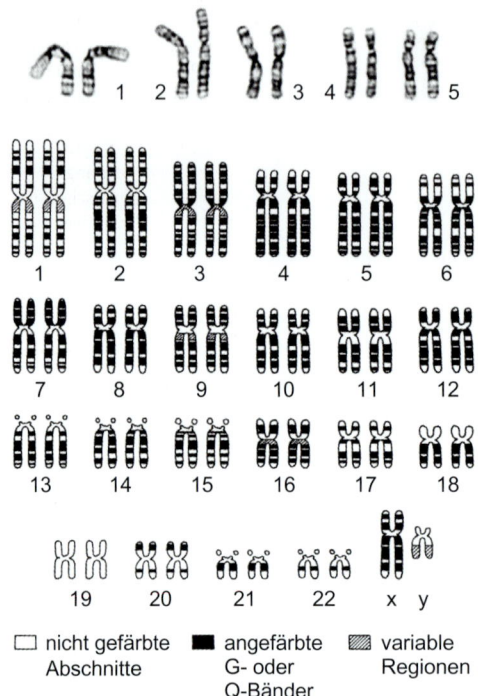

Abb. 5.1 Schematische Darstellung des menschlichen Chromosomensatzes sowie die Aufnahme eines Originalpräparats der Chromosomen 1–5 (oben). Gezeigt ist das männliche Karyogramm (46, XY) in der Metaphasenform, mit an den Zentromeren verbundenen Schwesterchromatiden

Tab. 5.1 Einteilung der Chromosomen in die sieben Gruppen des menschlichen Karyogramms

Gruppe	Chromosom	Charakteristika
A	1, 2, 3	Groß, metazentrisch
B	4, 5	Groß, subtelozentrisch
C	6, 7, 8, 9, 10, 11, 12, X	Mittelgroß, submetazentrisch
D	13, 14, 15	Mittelgroß, akrozentrisch, mit Satellit
E	16, 17, 18	Klein, submetazentrisch
F	19, 20	Sehr klein, metazentrisch
G	21, 22, Y	Sehr klein, akrozentrisch, 21 und 22 mit Satellit

So besitzen einige niedere Primaten (Halbaffen) 2n = 80 meist akrozentrische Chromosomen. Bei den höheren Primaten Schimpanse und Gorilla hat sich die Chromosomenzahl auf 2n = 48 reduziert.
Die metazentrischen bzw. submetazentrischen Chromosomen sind durch Fusion zweier akrozentrischer Chromosomen entstanden.

Differenzielle Darstellung
Nach spezifischer Färbung lassen sich unterschiedlich dicht gepackte Bereiche des Chromatins unterscheiden. Die verschieden stark anfärbbaren Chromatinbereiche bilden ein Bandenmuster auf den Chromosomen. Es existieren verschiedene Bänderungsmethoden, mit denen sich insgesamt mehrere hundert Banden unterscheiden lassen.
Durch den Vergleich der angefärbten Chromosomen mit den Ergebnissen aus der Genkartierung lassen sich Bereiche mit bekannten Genen den chromosomenspezifischen Banden zuordnen.

Mutationen wie Deletionen, Insertionen oder Translokationen von Chromosomenfragmenten können als verändertes Bandenmuster sichtbar werden.

Molekulare Zytogenetik

Die kleinsten in der konventionellen Bandenfärbung unterscheidbaren Chromosomenabschnitte enthalten mehr als ein einzelnes Gen. In der molekularen Zytogenetik werden DNA-Sonden eingesetzt, die an zu ihnen komplementäre Basensequenzen binden. Mit diesem Verfahren lassen sich sogar einzelne Gene identifizieren.

Unter allen Methoden der molekularen Zytogenetik nimmt die Fluoreszenz-In-situ-Hybridisierung (FISH) einen besonders hohen Stellenwert ein. Hier werden die Nukleotide der verwendeten DNA-Sonden mit Fluoreszenzfarbstoffen markiert.

Die Fluoreszenz-In-situ-Hybridisierung kann auch bei Zellen in der Interphase angewendet werden. Somit können zytogenetische Untersuchungen auch an nicht teilungsaktiven Zellen durchgeführt werden.

■ CHECK-UP

- [ ] Wie viele Chromosomen hat das menschliche Genom?
- [ ] Nach welchen Kriterien werden die Chromosomen typisiert?

Formale Genetik

■ Begriffe und Symbole

Die formale Genetik gibt Regeln der Vererbung an, die aus der Analyse von Stammbäumen abgeleitet wurden.

Eine vererbbare Einheit, die zu einem spezifischen Merkmal führt wird als **Allel** bezeichnet. Auf der molekularen Ebene entspricht das Allel einem Gen. Die ursprüngliche Form eines Gens wird als **Normalallel** oder auch als **Wildtyp** bezeichnet.

Die Gene der Autosomen sind im diploiden Chromosomensatz zweifach vorhanden. Ein Allel eines Gens wurde vom Vater und eines von der Mutter vererbt.

Sind für das Gen auf beiden homologen Chromosomen gleiche Allele vorhanden, handelt es sich um ein **homozygotes,** bei verschiedenen Allelen um ein **heterozygotes** genetisches Merkmal. Ist ein Gen nur einfach vorhanden, z. B. auf den Gonosomen, spricht man von **Hemizygotie.**

Die Existenz von zwei oder mehr Allelen eines Gens innerhalb einer Population wird **multiple Allelie** oder **Polymorphismus** genannt.

Ein Allel ist die Grundlage für ein genetisches Merkmal. Dieses muss sich aber im Erscheinungsbild des Organismus nicht zeigen. Die Ausprägung eines Merkmals wird als **Phänotyp** bezeichnet.

Prägt sich bei Heterozygotie ein Allel im Phänotyp aus, so ist es **dominant**. Ein **rezessives** Allel tritt in seiner Wirkung hinter dem dominanten Allel zurück und zeigt daher keine Ausprägung im Phänotyp. Rezessive Allele manifestieren sich im Phänotyp nur bei Homozygotie. Von **Kodominanz** spricht man, wenn sich beide voneinander abweichenden Allele im Phänotyp zeigen, z. B. bei den Blutgruppenantigenen AB.

Die Merkmalsausprägung kann auch **intermediär,** d. h. zwischen beiden Allelen liegen. Ein Beispiel hierfür ist die Körpergröße.

Bei Individuen mit identischen Allelen kann die Stärke einer erblichen Störung individuell variieren. Der Ausprägungsgrad eines Merkmals wird als **Expressivität** bezeichnet. Die **Penetranz** beschreibt dagegen die Häufigkeit, d. h. den Anteil der Merkmalsträger (Phänotypen) an den Genträgern (Genotypen).

Ein **Konduktor** ist genetischer Überträger. Er ist selbst phänotypisch merkmalsfrei, weist aber das entsprechende rezessive Allel in seinem Genotyp auf und kann es an seine Nachkommen weitervererben.

Ein Gen kann mehrere Merkmale bestimmen. Dieses Phänomen wird als **Pleiotropie** bezeichnet. Im umgekehrten Fall, der **multifaktoriellen Vererbung** oder **Polygenie** sind mehrere Gene an der Ausprägung eines Merkmals beteiligt.

5 Vererbungslehre

Davon zu unterscheiden ist die **Heterogenie**. Hier hat ein und dieselbe Störung unterschiedliche genetische Ursachen, d. h. verschiedene Gene können phänotypisch das gleiche Krankheitsbild auslösen.
Werden sonst genetisch bedingte Krankheitsbilder auch durch Umwelteinflüsse ausgelöst spricht man von einer **Phänokopie**. Phänokopien können die Analyse eines Erbgangs beträchtlich erschweren.

Begriffe der Genetik:

Allel. Vererbbare Einheit eines Merkmals, meist zweifach vorhanden (diploide Zellen):
- Dominant: bei Heterozygotie manifestiert sich das Allel im Phänotyp.
- Rezessiv: bei Heterozygotie erscheint das Allel nicht im Phänotyp.
- Kodominant: bei Heterozygotie prägen sich beide Allele im Phänotyp aus.

Genotyp. Die gesamte genetische Ausstattung eines Organismus.

Genlocus. Die Position eines Gens im Genom.

Homozygotie. Die beiden Allele eines Genlocus sind identisch.

Heterozygotie. Die beiden Allele eines Genlocus unterscheiden sich.

Hemizygotie. Gene, die nur in einer Kopie vorliegen sind hemizygot.

Phänotyp. Erscheinungsbild eines genetischen Merkmals. Beim intermediären Phänotyp liegt die Merkmalsausprägung zwischen den Allelen.

Konduktor. Heterozygoter Überträger eines rezessiven Allels.

Expressivität. Schweregrad der Merkmalsausprägung am Individuum.

Penetranz. Anteil der Merkmalsträger an den Genträgern einer Population.

Pleiotropie. Ein Gen bestimmt mehrere Merkmale.

Polygenie. Mehrere Gene sind an einem Merkmal beteiligt.

Abb. 5.2 Symbole der Genetik. Die Übersicht ist nicht vollständig, es sind nur die in diesem Kapitel verwendeten Symbole dargestellt

Mit der Analyse von Stammbäumen wird die Vererbung genetisch bedingter Erkrankungen verfolgt und das Risiko für das Auftreten von Erbkrankheiten in zukünftigen Generationen abgeschätzt. Stammbäume werden in der Genetik mit definierten Symbolen dargestellt (→ Abb. 5.2).
Die Begriffe **genetisch bedingte Krankheit** und **Erbkrankheit** werden meist gleichgesetzt. Tatsächlich wird aber nicht die Krankheit selbst vererbt, sondern das Allel eines Gens, das schließlich beim Betroffenen zur Erkrankung führt.

■ Mendel-Gesetze

Gregor Mendel (1822–1884) entdeckte in Kreuzungsexperimenten mit Erbsen- und Bohnenpflanzen die nach ihm benannten Gesetze der Vererbung.
Sein Grundkonzept war die Annahme von Erbfaktoren, die von der Elterngeneration P (Parenteralgeneration) an die Tochtergenerationen F (Filialgenerationen) weitergegeben werden. In Kreuzungsexperimenten wird die erste Tochtergeneration mit F_1, die zweite Generation mit F_2 bezeichnet.

Die Mendel-Gesetze beschreiben die Vererbung nicht gekoppelter autosomaler Gene nach statistischen Gesetzen.

1. Mendel-Gesetz (Uniformitätsgesetz)

Alle Individuen der ersten Tochtergeneration (F_1) aus der Kreuzung reinerbiger (homozygoter) Eltern (P) sind gleich (uniform).

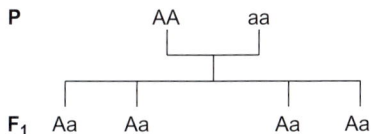

Abb. 5.3 Kreuzungsschema nach dem 1. Mendel-Gesetz; Genotypen und Phänotypen sind uniform.

Tragen die beiden jeweils homozygoten Eltern verschiedene Allele eines Merkmals, so ist F_1 einheitlich heterozygot (→ Abb. 5.3).
Steht z. B. das Allel A für die Blütenfarben rot und a für die Farbe weiß, sind bei intermediärer Merkmalsausprägung die Blüten der heterozygoten F_1 rosa.
Bei dominant/rezessiver Vererbung setzt sich die dominante Farbe im Phänotyp durch.

2. Mendel-Gesetz (Spaltungsgesetz)

> Bei einer Kreuzung der heterozygoten Individuen von F_1, spaltet sich die F_2-Generation phänotypisch in einem bestimmten Zahlenverhältnis (1:2:1 oder 1:3).

Die Genotypen AA, Aa und aa entstehen im Verhältnis 1:2:1 (→ Abb. 5.4). Bei intermediärer oder kodominanter Merkmalsausprägung entstehen die Phänotypen ebenfalls im Verhältnis 1:2:1. Ist ein Allel, z. B. A dominant, spalten sich die Phänotypen von F_2 im Verhältnis 3:1. Die Gruppe der Träger des Merkmals A setzt sich dann aus homozygoten (AA) und heterozygoten (Aa) Genotypen zusammen.

3. Mendel-Gesetz (Unabhängigkeitsgesetz)

> Bei der Kreuzung von Individuen, die sich in mehr als einem genetischen Merkmal unterscheiden, werden die Anlagenpaare jedes Merkmals unabhängig von den anderen nach dem Spaltungsgesetz auf die Tochtergeneration verteilt.

Die Regel der unabhängigen Vererbung von Genen gilt für Gene auf verschiedenen Chromosomen oder Gene, die auf dem Chromosom so weit auseinanderliegen, dass sie durch Crossing Over getrennt werden. Eng benachbarte Gene bilden eine Ausnahme und folgen nicht dem 3. Mendel-Gesetz. Sie werden als Kopplungsgruppe in der Regel gemeinsam vererbt.

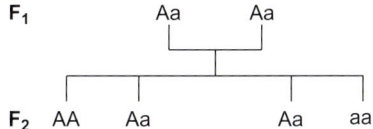

Abb. 5.4 Kreuzungsschema nach dem 2. Mendel-Gesetz. Bei Kreuzung heterozygoter F_1 treten die Phänotypen von F_2 im Zahlenverhältnis 1:2:1 oder 3:1 auf

■ Autosomal-dominanter und kodominanter Erbgang

Beim autosomalen Erbgang liegt das genetische Merkmal auf einem der Chromosomen 1–22. Es wird geschlechtsunabhängig nach den Mendel-Gesetzen vererbt.
Bei einem dominanten Erbgang genügt bereits eine Kopie des Allels, um phänotypisch das Merkmal auszuprägen.
Ursache der meisten Erbkrankheiten ist der Verlust einer bestimmten genetischen Information, etwa für die Synthese eines wichtigen Enzyms. Bei einem solchen Gendefekt stünde noch die Information des homologen Chromosoms zur Verfügung. Dominante Erbkrankheiten sind daher äußerst selten.
Ein autosomal-dominantes Allel prägt sich in jedem Fall im Phänotyp der Nachkommen aus.

- Homozygote Krankheitsträger weisen bei dominanten Erbkrankheiten meist schwerere Symptome auf als heterozygote Träger.
- Die Wahrscheinlichkeit für das Auftreten dominant erblicher Erkrankungen steigt mit dem Lebensalter des Vaters.

Autosomal-dominanter Erbgang
Ein heterozygot kranker Elternteil vererbt das Merkmal statistisch auf die Hälfte seiner Nachkommen (→ Abb. 5.5). Aufgrund der Seltenheit autosomal-dominanter Erkrankungen ist dies der am häufigsten auftretende Fall.
Zwei heterozygot erkrankte Eltern vererben ihre Krankheit auf drei von vier Kindern (→ Abb. 5.6). Davon sind zwei heterozygot und eines homozygot und damit von den Symptomen besonders stark betroffen.

5 Vererbungslehre

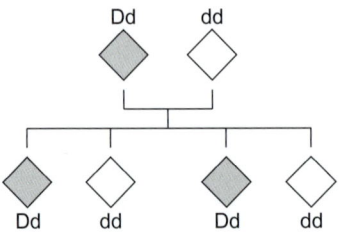

Abb. 5.5 Autosomal-dominante Vererbung durch einen heterozygoten, kranken Elternteil. D: krankes Allel, d: gesundes Allel

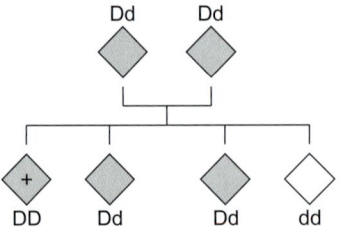

Abb. 5.6 Autosomal-dominante Vererbung durch zwei heterozygot erkrankte Eltern. Homozygote Nachkommen (+) zeigen stärker ausgeprägte Symptome. D: krankes, d: gesundes Allel

Trägt **ein Elternteil** das Krankheitsmerkmal **homozygot** sind in jedem Fall alle Nachkommen betroffen.
Gesunde Eltern sind auch genotypisch merkmalsfrei und können die Krankheit nicht vererben. Erkrankte Kinder haben immer einen erkrankten Elternteil.
Eine Ausnahme von dieser Regel stellt eine Neumutation oder die unvollständige Penetranz eines Gens dar.

> Autosomal-dominanter Erbgang:
> - Ein Elternteil heterozygot erkrankt → Prognose: 50 % der Nachkommen erkranken.
> - Beide Eltern heterozygot erkrankt → Prognose: 75 % der Nachkommen erkranken, davon sind ⅓ stark betroffen.
> - Ein Elternteil homozygot erkrankt → Prognose: 100 % der Nachkommen erkranken.
> - Phänotypisch gesunde Eltern → Prognose: 0 % der Nachkommen erkranken.

Tab. 5.2 ABO- und MN-Blutgruppensystem

	Phänotyp	Genotyp
ABO-System	A	AA, AO
	B	BB, BO
	AB	AB
	0	00
MN-System	M	MM
	N	NN
	MN	MN

Autosomal-kodominanter Erbgang

Bei Kodominanz prägen sich bei Heterozygotie beide Allele eines Merkmals gleichzeitig im Phänotyp aus. Ein Beispiel hierfür ist das **MN-Blutgruppensystem**. Die Blutgruppenallele M und N werden kodominant vererbt.
Bei multipler Allelie existieren innerhalb einer Population mehr als zwei Allele eines Gens. Jedes Individuum trägt zwei dieser Allele, die sich zueinander dominant-rezessiv oder kodominant verhalten können. Ein Beispiel ist das **ABO-Blutgruppensystem** (→ Tab. 5.2). Hier existieren die Allele A für Antigen A, B für Antigen B oder 0 für kein Antigen. Die Allele A und B sind kodominant, Erythrozyten der Blutgruppe AB tragen beide Antigene in ihrer Glykokalix. Das Allel 0 ist gegenüber den beiden anderen Allelen rezessiv und prägt sich nur homozygot aus. Erythrozyten der Blutgruppe 0 tragen keines der Antigene auf ihrer Zelloberfläche.

■ Autosomal-rezessiver Erbgang

Stoffwechselkrankheiten werden meist rezessiv vererbt, denn hat die Mutation eines Gens den Ausfall eines für den Stoffwechsel wichtigen Enzyms zur Folge, so steht die entsprechende Information in der Regel auf dem homologen Chromosom noch zur Verfügung. Nur wenn beide Allele geschädigt sind, manifestiert sich die Störung auch im Phänotyp.
Beim genotypisch Gesunden werden beide Allele der autosomalen Gene transkribiert. Der heterozygote Träger eines defekten Gens verfügt nur über 50 % der Synthesekapazität für das betreffende Enzym. Diese Kapazität ist aber in den meisten Fällen mehr als ausreichend. Heterozygote Genträger erkranken deshalb nicht, sie können jedoch als Konduktoren den Gendefekt an ihre Nachkommen weitervererben.

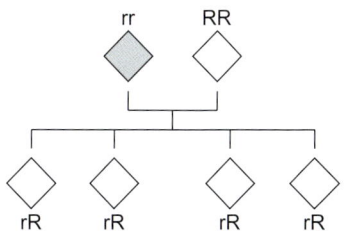

Abb. 5.7 Autosomal-rezessive Vererbung: Ein Elternteil erkrankt, der andere homozygot gesund; r: krankes Allel, R: gesundes Allel

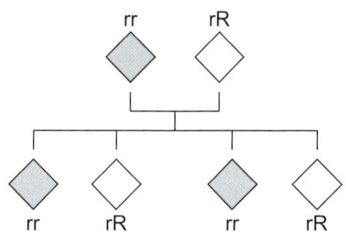

Abb. 5.8 Autosomal-rezessive Vererbung: Ein Elternteil erkrankt, der andere heterozygot; r: krankes Allel, R: gesundes Allel

Zwei erkrankte Eltern tragen beide das auslösende Allel homozygot und werden deshalb in jedem Fall nur erkrankte Kinder zeugen.
Ein erkrankter Elternteil ist **homozygoter Träger** des Krankheitsallels, der andere homozygot gesund. Alle Nachkommen sind phänotypisch gesund, übertragen aber als Konduktoren das Krankheitsgen weiter an ihre Nachkommen (→ Abb. 5.7). Die F_1-Generation ist uniform (1. Mendel-Gesetz).
Ist **ein Elternteil erkrankt** und der andere **heterozygoter Träger** des geschädigten Gens, sind die Hälfte der Nachkommen erkrankt, die andere Hälfte ist Konduktor des Krankheitsgens (→ Abb. 5.8).
Sind **beide Elternteile phänotypisch** gesund, jedoch **beide heterozygot** bezüglich des Krankheitsgens, so erkrankt statistisch ein Viertel der Nachkommen, die Hälfte ist Konduktor und das verbleibende Viertel ist homozygot für das gesunde Allel (→ Abb. 5.9). Dieses Verhältnis 1:2:1 des Genotyps bzw. 1:3 des Phänotyps entspricht dem 2. Mendel-Gesetz, es könnte sich hier um

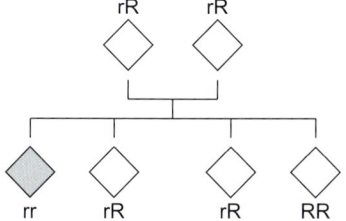

Abb. 5.9 Autosomal-rezessive Vererbung: Beide Elternteile Konduktoren; r: krankes Allel, R: gesundes Allel

die Verbindung zweier Individuen der F_1-Generation aus Abb. 5.4 handeln.

Autosomal-reszessiver Erbgang:
- Beide Eltern erkrankt → Prognose: 100 % der Nachkommen erkranken.
- Ein Elternteil erkrankt, der andere homozygot gesund → Prognose: 0 % der Nachkommen erkranken, aber alle Nachkommen sind Konduktoren.
- Ein Elternteil erkrankt, der andere heterozygot, also phänotypisch gesund → Prognose: 50 % der Nachkommen erkranken, 50 % sind Konduktoren.
- Beide Eltern heterozygot (phänotypisch gesund) → Prognose: 25 % der Nachkommen erkranken, 75 % sind phänotypisch gesund, davon ⅔ Konduktoren.
- Ein Elternteil homozygot gesund, der andere heterozygot → Prognose: 100 % der Nachkommen sind phänotypisch gesund, davon 50 % Konduktoren.

■ X-chromosomaler Erbgang

Ein geschlechtsgebundener Erbgang liegt vor, wenn sich das merkmalsprägende Gen auf einem der Geschlechtschromosomen befindet.
Die diploiden Zellen der Frau enthalten zwei X-Chromosomen (XX), alle ihre Oozyten enthalten ein X-Chromosom.
Die Körperzellen des Mannes weisen die Gonosomenpaarung XY auf, 50 % der Spermien enthalten ein X-Chromosom und 50 % ein Y-Chromosom.
Das Geschlecht eines Kinds wird dadurch bestimmt, ob die Eizelle durch ein Spermium befruchtet wird, das ein X- oder ein Y-Chromosom enthält.

5 Vererbungslehre

Für den gonosomalen Erbgang ergeben sich folgende Gesetzmäßigkeiten:
- Merkmale auf dem Y-Chromosom werden immer vom Vater auf alle Söhne übertragen.
- Merkmale auf dem X-Chromosom des Vaters werden auf alle seine Töchter, nicht aber auf die Söhne übertragen.
- Merkmale des X-Chromosoms der Mutter können auf Söhne und Töchter übertragen werden.

Durch Gendefekte des Y-Chromosoms bedingte Erkrankungen treten klinisch nicht in nennenswerter Häufigkeit auf, da sich auf dem Y-Chromosom nur sehr wenige aktive Gene befinden. Deshalb wird hier nur der X-chromosomale Erbgang beschrieben.

X-chromosomal-dominanter Erbgang
X-chromosomal-dominante Erbgänge sind relativ selten.

Ist der **Vater Krankheitsträger** erhalten die Töchter sein geschädigtes X-Chromosom, sie erkranken alle. Die Söhne erhalten das Y-Chromosom des Vaters und ein gesundes X-Chromosom der Mutter, sie sind alle gesund (→ Abb. 5.10, oben).

Ist die **Mutter heterozygote Krankheitsträgerin** erhalten 50 % der Nachkommen das geschädigte X-Chromosom (→ Abb. 5.10, unten). In der Folgegeneration tritt die Erkrankung geschlechtsunabhängig mit einer Wahrscheinlichkeit von 50 % auf.

Ist die **Mutter homozygote Krankheitsträgerin** erhalten alle Nachkommen das geschädigte Chromosom, die erkrankten Töchter sind heterozygot.

X-chromosomal-dominanter Erbgang:
- Vater Krankheitsträger → Prognose: 100 % der Töchter, 0 % der Söhne erkranken.
- Mutter heterozygote Krankheitsträgerin → Prognose: 50 % der Nachkommen erkranken.
- Mutter homozygote Krankheitsträgerin → Prognose: 100 % der Nachkommen erkranken.

X-chromosomal-rezessiver Erbgang
Männer sind bezüglich des X-Chromosoms hemizygot. Eine dort lokalisierte rezessive Störung

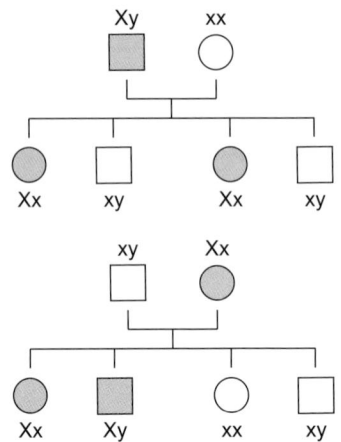

Abb. 5.10 X-chromosomal-dominante Vererbung, mit Vater (oben) oder Mutter (unten) als Krankheitsträger; X: krankes Allel, x: gesundes Allel

wird sich deshalb beim Mann in jedem Fall phänotypisch manifestieren.

Ist der **Vater erkrankt** und die **Mutter homozygot gesund** (→ Abb. 5.11, P-Generation), so erkrankt keiner der Nachkommen. Die Töchter sind jedoch alle Träger des defekten Gens. Trägt die **Mutter heterozygot** das **Krankheitsgen** (→ Abb. 5.11, F_1) und ist der **Vater gesund**, so erkrankt die Hälfte der Söhne und die Hälfte der Töchter sind wieder heterozygote Überträgerinnen.

Ist der **Vater erkrankt** und die **Mutter heterozygot** (→ Abb. 5.11, Geschwisterverbindung in der F_2-Generation), erkrankt die Hälfte aller Nachkommen. Die Hälfte der Töchter ist homozygot, damit manifestiert sich die Störung im Phänotyp, die andere Hälfte ist heterozygot. Auch die Hälfte der Söhne erkrankt.

Bei der Verbindung einer erkrankten Frau mit einem gesunden Mann sind die Söhne erkrankt und die Hälfte der Töchter heterozygot.

Von X-chromosomal-rezessiven Störungen sind Männer phänotypisch weitaus häufiger betroffen als Frauen. Ist das Krankheitsgen in einer Population nur sehr selten anzutreffen überspringt die Manifestation der Krankheit im Allgemeinen jeweils eine Generation und

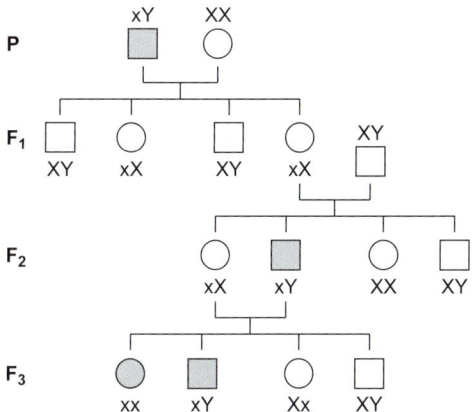

Abb. 5.11 X-chromosomal-rezessive Vererbung; x: krankes Allel, X: gesundes Allel.

betrifft nur die männlichen Nachkommen. Lediglich aus der Verbindung zwischen einem männlichen Erkrankten und einer homo- oder heterozygoten Trägerin des Krankheitsgens wird die Krankheit schon in der nächstfolgenden Generation wieder manifest. Nur in solchen Fällen entstehen homozygote weibliche Erkrankte.

X-chromosomal-rezessiver Erbgang:
- Vater erkrankt, Mutter homozygot gesund → Prognose: 0 % der Nachkommen erkranken, 100 % der Töchter sind Konduktorinnen.
- Mutter heterozygot, Vater gesund → Prognose: 50 % der Söhne erkranken, 50 % der Töchter sind Konduktorinnen.
- Mutter heterozygot, Vater krank → Prognose: 50 % der Söhne, 50 % der Töchter erkranken, 50 % der Töchter sind Konduktorinnen.
- Mutter homozygot, Vater gesund → Prognose: 100 % der Söhne erkranken, 50 % der Töchter sind Konduktorinnen.

■ CHECK-UP

- ☐ Nennen und definieren Sie zehn in der Genetik verwendete Begriffe.
- ☐ Zeichnen und benennen Sie die Symbole zur Darstellung von Stammbäumen.
- ☐ Nennen Sie die drei Mendel-Gesetze.
- ☐ Stellen Sie einen Stammbaum auf für einen autosomal-dominanten und einen autosomal-rezessiven Erbgang.
- ☐ Stellen Sie einen Stammbaum auf für einen X-chromosomal-dominanten und einen X-chromosomal-rezessiven Erbgang.

 ## Imprinting

Bei einigen genetischen Merkmalen hängt die Expression davon ab, von welchem Elternteil das betreffende Allel vererbt wurde. Entweder das mütterliche oder das väterliche Allel ist inaktiv oder seine Aktivität ist stark herabgesetzt. In jeder Generation werden diese Gene nach ihrer elterlichen Herkunft gekennzeichnet. Diese

Markierung wird als **genomische Prägung** oder **Genomic Imprinting** bezeichnet. Das Imprinting geschieht während der Entwicklung der Keimzellen und erfolgt in jeder Generation von Neuem. Die DNA-Sequenz wird dabei nicht verändert. Das Imprinting funktioniert durch Methylierung der DNA oder auch durch Modifikation der Histone.

■ CHECK-UP
☐ Was versteht man unter Imprinting?

Mitochondriale Vererbung

Die Mitochondrien enthalten eigene DNA. Diese DNA ist ringförmig, weist keine Introns auf und ähnelt somit dem Genom von Bakterien. Mitochondrien vermehren sich im Zytoplasma durch Teilung.
Spermien enthalten im Vergleich zu den Eizellen nur sehr wenig Zytoplasma. Das Zytoplasma des Spermiums befindet sich in seinem Schwanzteil, das bei der Befruchtung nicht in die Eizelle eindringt. Alle Mitochondrien der Zygote entstammen somit der Eizelle.

Die mitochondrialen Gene werden ausschließlich **mütterlich vererbt**.

■ CHECK-UP
☐ Von welchem Elternteil werden mitochondriale Gene vererbt?

Multifaktorielle Vererbung

Viele körperliche Merkmale und Erkrankungen werden durch das Zusammenspiel mehrerer Gene und darüber hinaus von Umwelteinflüssen geprägt. Man spricht in diesen Fällen von **multifaktorieller Vererbung**.
Die Begriffe multifaktorielle Vererbung und Polygenie werden oft synonym verwendet, dies ist jedoch nicht exakt:
- **Polygenie** ist das Zusammenwirken mehrerer Gene, die zu einem bestimmten Merkmal oder zu einer genetischen Prädisposition führen.
- Bei der **multifaktoriellen Vererbung** nehmen zusätzliche äußere Faktoren Einfluss auf die Ausprägung des polygenen Merkmals.

Ein Beispiel für ein multifaktorielles Merkmal ist die Körpergröße. Mehrere mütterliche und väterliche Gene legen den Rahmen der zu erwartenden Größe fest. Die Körpergröße, die das Individuum dann tatsächlich erreicht hängt noch von Umweltfaktoren wie der Ernährung oder körperlicher Belastung ab.
Für multifaktorielle Merkmale Innerhalb einer Population gilt:
- Der Ausprägungsgrad des Merkmals ist kontinuierlich verteilt.
- Statistisch folgt das Merkmal der Normalverteilung (Gauß-Verteilung).
- Das Phänomen zeigt eine Regression zur Mitte. D. h. wenn das betreffende Merkmal bei den Eltern stark ausgeprägt ist, tritt das Merkmal in der Folgegeneration meist in schwächerer Ausprägung auf.

Aufgrund der multifaktoriellen Vererbung sind bestimmte Genotypen für viele Erkrankungen nur prädisponierend und nicht bestimmend. Erst wenn das Zusammenspiel aus genetischen Faktoren und äußeren Einflüssen einen Schwellenwert übersteigt, wird sich eine entsprechende Störung manifestieren.

■ CHECK-UP
☐ Wie unterscheiden sich die Begriffe Polygenie und multifaktorielle Vererbung?

Gonosomen, Geschlechtsbestimmung und Differenzierung

Die Gonosomen
Die Geschlechtschromosomen legen das genetische Geschlecht fest:
- XX → weibliches Genom.
- XY → männliches Genom.

Das Y-Chromosom enthält nur wenige funktionsfähige Gene. Dagegen enthält das X-Chromosom eine große Zahl von Genen, die nicht die Geschlechtsentwicklung sondern andere Funktionen des Organismus steuern.

Auf dem p-Arm des Y-Chromosoms liegt das **SRY-Gen** (sex determining region of Y). Dieses Gen kodiert den **Testis Determining Factor** (TDF), der steuert, dass sich die Anlagen der Gonaden zu den Hoden entwickeln. Die weitere Geschlechtsdifferenzierung wird dann hormonell gesteuert.

Das SRY-Gen ist ein Kontrollgen, das die Reaktionskette der Geschlechtsdifferenzierung einleitet. Die Inaktivierung des SRY-Gens durch eine Mutation führt zu einem weiblichen Phänotyp trotz genetisch männlichen Geschlechts. Die Translokation eines aktiven SRY-Gens auf ein X-Chromosom bewirkt einen männlichen Phänotyp bei genetisch weiblichem Geschlecht (XX-Männer).

X-Inaktivierung
Weibliche Individuen haben doppelte so viel X-chromosomale Gene wie männliche Individuen. Wären die homologen Gene beider X-Chromosomen aktiv, so würden die Genprodukte in Frauen gegenüber Männern in doppelter Menge gebildet.

Einen Mechanismus zur Kompensation formuliert die **Lyon-Hypothese:**
- In weiblichen Zellen ist eines der beiden X-Chromosomen inaktiviert.
- Das inaktive X-Chromosom ist entweder mütterlicher oder väterlicher Herkunft.

Die Inaktivierung erfolgt bereits in der frühen Embryogenese (11.–16. Tag), ist zufällig und kann je nach Zellen das von der Mutter oder das vom Vater vererbte X-Chromosom betreffen. Das inaktivierte Chromosom lässt sich nach Färbung im Interphasenkern als meist am Rand befindliches, dunkles Einschlusskörperchen erkennen. Dieses wird **Barr-Körperchen** oder auch Sex-Chromatin genannt.

Damit unterscheiden sich die Genome der einzelnen Zellen des Organismus zufällig voneinander. Dies wird als **genetisches Mosaik** bezeichnet.

Bei weiblichen heterozygoten Trägern eines X-chromosomalen Gendefekts finden sich aufgrund des genetischen Mosaiks sowohl erkrankte und als auch normal funktionierende Zellen. Die funktionstüchtigen Zellen können die Störung der erkrankten Zellen meist ausreichend kompensieren, sodass die betreffenden Individuen klinisch in der Regel unauffällig bleiben.

Geschlechtsdifferenzierung
Bis zur 6. Woche verläuft die Entwicklung der Geschlechtsorgane neutral. Beim männlichen Embryo differenzieren sich in der 6.–8. Woche die Anlagen der Gonaden unter Einfluss des TDF zu den Hoden, beim weiblichen Embryo wird kein TDF gebildet und es entstehen in der 8. Woche die Ovarien.

Die Natur favorisiert das weibliche Geschlecht, wenn nicht Hormone aus den fetalen Hoden die Entwicklung zum männlichen Geschlecht steuern.

■ CHECK-UP
☐ Was bewirkt das SRY-Gen?
☐ Was besagt die Lyon-Hypothese?

5 Vererbungslehre

 Mutationen

■ Genmutationen

Die Gene werden an die Nachkommen unverändert weitergegeben. Durch sexuelle Vermehrung erfolgt lediglich eine Neukombination der Gene beider Elternteile, sodass ein neues, einzigartiges Individuum entsteht.
Eine Veränderung der genetischen Information wird als **Mutation** bezeichnet:

Somatische Mutation. Somatische Mutationen ereignen sich in Körperzellen. Sie führen zu einem genetischen Mosaik. Es sind nur die veränderten Körperzellen und deren Tochterzellen betroffen. Die Mutation wird nicht vererbt.

Genetische Mutationen (Keimbahnmutation). Keimbahnmutationen betreffen die Keimzellen. Sie werden an die nachfolgenden Generationen weitervererbt.
Nach der Ursache der Mutationen unterscheidet man:

Spontane Mutation. Sie entsteht ohne erkennbare äußere Einwirkung. Als Ursachen kommen spontan aufgetretene DNA-Schäden oder nicht korrigierte Replikationsfehler infrage.

Induzierte Mutation. Sie wird durch schädigende äußere Einflüsse verursacht, z. B. chemische Agenzien, freie Radikale und ionisierende Strahlung.
Jede Mutation ist ein zufälliges Ereignis. An einer identifizierten Mutation kann nicht erkannt werden, ob sie spontan aufgetreten ist oder durch einen äußeren Einfluss induziert wurde.
Eine **Genmutation** ist eine Veränderung in der Sequenz eines einzelnen Gens. Die Mutation eines Gens ändert die Abfolge der Nukleotidsequenz der DNA. In der Folge kann ein neues Genprodukt entstehen, das in seiner Funktion defekt, unbeeinträchtigt oder verbessert sein kann. Mutationen bilden damit auch die molekulare Grundlage der Evolution.
An einem Gen können folgende Veränderungen auftreten:

Basensubstitution. Eine Base wird durch eine andere ersetzt. Diese Mutation wird auch **Punktmutation** genannt.

Deletion. Eines oder mehrere Nukleotide gehen verloren.

Insertion. Die Basensequenz wird um eine oder mehrere Basen verlängert.

Duplikation. Verdopplung eines DNA-Abschnitts.

Triplettexpansion (Trinukleotidwiederholung). Eine Folge von drei Nukleotiden wird vervielfältigt.
Eine Genmutation hat abhängig von ihrer Lokalisation verschiedene Folgen:
- Eine Änderung der **Promotorregion** kann das gesamte Gen inaktivieren.
- Betrifft die Mutation das **Stoppkodon** wird die Transkription nicht rechtzeitig beendet. Es entsteht eine verlängerte mRNA.
- Ein nicht identifizierbares Kodon (Nonsense-Mutation) wird als Stoppkdon interpretiert und bricht die Transkription vorzeitig ab. Die mRNA ist verkürzt.
- Ein durch Punktmutation geändertes Kodon (Missense-Mutation) kodiert eine andere Aminosäure. Der Aminosäureaustausch führt zu einer veränderten Funktion des Genprodukts.
- Das neue Kodon kann aber auch für die gleiche Aminosäure kodieren und die Mutation bleibt folgenlos. Man spricht in diesem Fall von einer **stillen Mutation**.
- Deletion oder Insertion einer nicht durch 3 teilbaren Zahl von Nukleotiden verändert das Leseraster. Dies wird auch als **Frame-Shift-Mutation** bezeichnet. Ein Frame-Shift führt zu einem völlig veränderten, meist komplett untauglichen Genprodukt.

■ Strukturelle Chromosomenmutationen

Strukturelle Chromosomenmutationen sind die Folge von Chromosomenbrüchen, bei denen die Bruchenden in fehlerhafter Anordnung wieder miteinander verbunden werden.
- Chromosomenfragmente, die ein Zentromer enthalten, werden bei der Zellteilung normal auf die Tochterzellen verteilt. **Azentrische Fragmente**, d. h. Chromosomenstücke ohne Zentromer, gehen bei der Zellteilung verloren.
- Beide Enden eines Fragments können zu einem zentrischen oder azentrischen **Ringchromosom** verbunden werden.

- Aus der Verbindung zweier Chromosomen, entsteht ein **dizentrisches Chromosom** mit zwei Zentromeren. Ein dizentrisches Chromosom wird bei der Zellteilung meist auseinandergerissen.
- Eine **Deletion** ist der Verlust eines Chromosomenfragments. Bei der terminalen Deletion geht das distale Ende eines Chromosomenarms verloren.
- Eine **Duplikation** ist die Verdopplung eines Chromosomenabschnitts. Das Fragment wird fälschlicherweise in das homologe Chromosom eingefügt oder die Ursache liegt in irregulärem Crossing Over in der Meiose.
- **Inversion** bezeichnet die Umkehrung eines Chromosomenstücks nach Fehlreparatur eines zweifachen Chromosomenbruchs (→ Abb. 5.12c). Sie lässt sich weiter unterteilen in **perizentrische** Inversion, die ein Fragment mit Zentromer betrifft, und **parazentrische** Inversion, die ein Stück eines Chromosomenarms betrifft. Inversionen sind häufig klinisch unauffällig.
- Bei einer **Translokation** wird ein Chromosomenfragment an eine andere Stelle des Chromosoms oder auf ein anderes Chromosom übertragen. Der Träger einer Translokation kann in der Summe seines Genbestands ein normales Genom aufweisen. Ist er phänotypisch gesund, wird die Chromosomenveränderung als **balancierte Translokation** bezeichnet.
- **Reziproke Translokation** wird der Austausch zweier Chromosomensegmente zwischen nichthomologen Chromosomen genannt. Nach zwei Chromosomenbrüchen werden die Fragmente in das jeweils anderen Chromosom integriert (→ Abb. 5.12d).
- Eine besondere Form der Translokation ist die **Robertson-Translokation,** auch **zentrische Fusion** genannt, bei der zwei akrozentrische Chromosomen unter Verlust ihrer kurzen Arme (p-Arme) am Zentromer verschmelzen und ein größeres metazentrisches Chromosom bilden.

■ Numerische Chromosomenmutationen

Numerische Chromosomenmutationen sind die Folge einer Fehlverteilung der Chromosomen bei der Zellteilung, am häufigsten aufgrund einer Non-Disjunction in der Meiose. Die Chromosomenzahl weicht von der des normalen Karyotyps ab.

Ist ein Chromosom nur einfach vorhanden liegt eine **Monosomie** vor, ist es dreifach vorhanden eine **Trisomie**. Allgemein werden Zellen mit abweichender Chromosomenzahl als **aneuploid** bezeichnet.

Polyploidie bezeichnet das Vorhandensein von mehr als zwei vollständigen haploiden Chromosomensätzen. Polyploidie wird bei Menschen und Tieren natürlicherweise nur in besonders stoffwechselaktiven Zellen beobachtet, z. B. in Leberzellen.

Numerische Aberrationen können die Autosomen oder die Gonosomen betreffen. Bei den Autosomen führen Sie, sofern sie überhaupt mit dem Überleben vereinbar sind, zu schweren Krankheitsbildern.

Bei gonosomalen Aberrationen hingegen treten in der Regel keine schweren Fehlbildungen oder geistigen Entwicklungsstörungen auf.

Die Wahrscheinlichkeit für das Auftreten numerischer Chromosomenaberrationen steigt mit dem Lebensalter der Mutter.

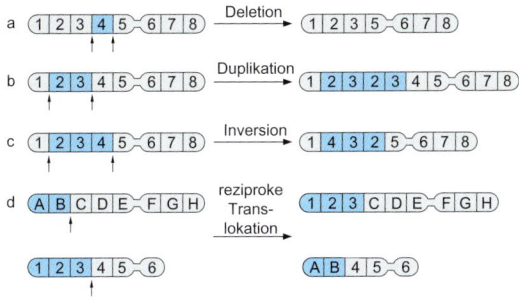

Abb. 5.12 Strukturelle Chromosomenaberrationen: **(a)** Deletion, **(b)** Duplikation, **(c)** Inversion und **(d)** reziproke Translokation. Die Pfeile markieren die Bruchstellen der Chromosomen

5 Vererbungslehre

Autosomale Chromosomenaberrationen

Trisomie 21 (Langdon-Down-Syndrom, Mongoloismus): 47, +21
Auswirkungen einer Trisomie 21 sind geistige Retardierung und verschiedenen körperliche Merkmale, z. B. die typische Physiognomie, verminderter Muskeltonus und häufig Herzfehler.
Trisomie 13 (Pätau-Syndrom): 47, +13
Eine Trisomie 13 hat schwerste Fehlbildungen zur Folge. Die Lebenserwartung beträgt etwa 1 Monat.
Trisomie 18 (Edwards-Syndrom): 47, +18
Auswirkungen einer Trisomie 18 sind zahlreiche Fehlbildungen. Die mittlere Lebenserwartung beträgt 3 Monate.

Gonosomale Chromosomenaberrationen

Ullrich-Turner-Syndrom: 45, X (Monosomie des X-Chromosoms); führt häufig zum Spontanabort, bei Überleben u. a. Minderwuchs, Ausbleiben der Menstruation.
Klinefelter-Syndrom: 47, XXY; Phänotyp männlich, gestörte Fertilität, oft keine oder nur geringe Ausprägung der sekundären Geschlechtsmerkmale.
Triple-X-Syndrom: 47, XXX; klinisch meist unauffällig, reduzierte Fertilität, leichte motorische und kognitive Beeinträchtigungen.
XYY-Syndrom: 47, XYY; klinisch unauffällig, Körpergröße meist 10–15 cm über dem Durchschnitt normaler XY-Männer, eventuell Verhaltensauffälligkeiten mit gesteigerter Aggressivität.

> ■ **CHECK-UP**
> ☐ Welche Genmutationen kennen Sie?
> ☐ Welche strukturellen Chromosomenmutationen gibt es?
> ☐ Nennen Sie bekannte numerische autosomale und gonosomale Chromosomenaberrationen.

Populationsgenetik

Die Populationsgenetik untersucht nicht das einzelne Individuum, sondern eine größere Gruppe von Individuen, die sich miteinander fortpflanzen. Die Gesamtheit der Gene einer solchen Population bildet einen **Genpool**. In diesem Genpool befinden sich mehrere Allele eines Gens. Die **Genhäufigkeit** bezeichnet den relativen Anteil der jeweiligen Allele an diesem Genpool.
Bei der **natürlichen Selektion** werden Individuen bevorzugt, deren genetische Ausstattung ihre Überlebens- und Fortpflanzungschancen erhöht:
- Dominante Allele verbreiten sich schnell innerhalb eines Genpools, wenn sie für den Organismus Selektionsvorteile bieten.
- Nachteilige dominante Allele werden rasch ausgemerzt, denn das von ihnen ausgehende Handicap tritt unmittelbar phänotypisch in Erscheinung.
- Rezessive Krankheitsgene können dagegen über einen langen Zeitraum in einer Population verbleiben.

Genvarianten im Bereich des Normalen sind **genetische Polymorphismen**. Hier sind durch Mutationen für ein monogen vererbtes Merkmal zufällig mindestens zwei verschiedene Genvarianten entstanden. Keines dieser Allele ist pathologisch. Polymorphismen wurden für zahlreiche Gene nachgewiesen. Ein bekanntes Beispiel sind die Blutgruppenantigene.
Einen für Populationsgenetiker wichtigen Zusammenhang stellten Hardy und Weinberg im Jahr 1908 unabhängig voneinander fest:

> **Hardy-Weinberg-Gleichgewicht**
> Wenn keine anderen Faktoren wirken als genetische Rekombination und die Vererbung nach den Mendel-Regeln, bleiben die Häufigkeiten der Allele und Genotypen innerhalb einer Population über mehrere Generationen konstant.

Es lässt sich ein einfaches mathematisches Modell formulieren, die **Hardy-Weinberg-Verteilung,** die die Häufigkeit der beiden Allele a und A eines Gens betrachtet. Die relative Häufigkeit des dominanten Allels A sei p und die des rezessiven Alles a sei q = 1 – p.

→ Tab. 5.3 zeigt die möglichen Kombinationen und ihre Wahrscheinlichkeiten. Ein homozygoter Träger des rezessiven Allels a kommt mit der Wahrscheinlichkeit q^2 vor. Heterozygote Genträger kommen mit der Wahrscheinlichkeit $2 \times p \times q$ vor und Homozygote für das dominante Allel A mit p^2.

Die Summe dieser Wahrscheinlichkeiten muss 1 ergeben:

$$p^2 + 2 \times p + q^2 = 1$$

In der Populationsgenetik wird dieser Zusammenhang als **Hardy-Weinberg-Gesetz** oder auch als Hardy-Weinberg-Gleichung bezeichnet. Mit dem Hardy-Weinberg-Gesetz berechnen Populationsgenetiker, welcher Prozentsatz der Bevölkerung das Gen für eine bestimmte Krankheit trägt.

Dazu ein Beispiel:
Bei einer unter 10.000 Geburten ist das Kind homozygot für das rezessive Gen der Phenylketonurie (PKU):
- Es ist $q^2 = 0{,}0001$ und entsprechend ist die relative Häufigkeit des PKU-Gens im Genpool $q = 0{,}01$.
- Aus $q = 1 - p$ folgt für den Anteil der gesunden Allele $p = 0{,}99$.
- Ein Konduktor der PKU ist heterozygot, er kann das defekte Gen vom Vater oder von der Mutter erhalten haben. Der Anteil heterozygoter PKU-Träger in der Bevölkerung beträgt $2 \times p \times q = 2 \times 0{,}99 \times 0{,}01 = 0{,}0198$, also etwa 2 %.

Tab. 5.3 Genhäufigkeiten nach der Hardy-Weinberg-Verteilung

Genotyp Wahrscheinlichkeit	A p	a q
A p	AA p^2	Aa pq
a q	aA pq	aa q^2

Das Hardy-Weinberg-Gesetz gilt unter folgenden Voraussetzungen:
- Die Paarung der Individuen innerhalb der Population erfolgt rein zufällig.
- Es existieren keine Selektionseffekte, d. h. bestimmte Genotypen sind nicht bevorzugt.
- Der Genpool verändert sich nicht durch Genfluss oder Mutation.

Längerfristig wird sich jeder Genpool verändern. Für einen kurzen Beobachtungszeitraum von wenigen Generationen können die Voraussetzungen des Hardy-Weinberg-Gesetzes aber als hinreichend genau erfüllt gelten.

■ CHECK-UP

- ☐ Was besagt das Hardy-Weinberg-Gesetz?
- ☐ Ein Prozent einer Population sei von einer autosomal-rezessiv vererbbaren Krankheit betroffen. Welcher Anteil der Population ist kein Konduktor für das betreffende Gen?

Und jetzt üben mit den wichtigsten IMPP-Fragen: http://www.mediscript-online.de/Fragen/Wenisch-Biologie_Kap05 (Anleitung zum Einloggen s. Buchdeckel-Innenseite)

6 Mikrobiologie

- Morphologische Grundformen der Bakterien 65
- Die Bakterienzelle 66
- Bakterienwachstum 69
- Pilze 70
- Viren 70
- Prionen 72

Morphologische Grundformen der Bakterien

Die unterschiedlichen Bakteriengruppen werden nach ihrer Morphologie und ihren biochemischen und pathogenen Eigenschaften klassifiziert:
- Erstes Identifikationsmerkmal ist im mikroskopischen Bild die äußere Form des Bakteriums.
- Ein wichtiges Klassifikationsmerkmal, das auch Auskunft über die pathogenen Eigenschaften des Bakteriums gibt, ist die Färbbarkeit mit der **Gram-Färbung**.
- Weiteres Unterscheidungsmerkmal ist das Vorhandensein und Form einer Begeißelung.

Zu den klassischen Bakterienformen (→ Abb. 6.1) gehören die folgenden:
- **Kokken** sind kugelförmige Zellen. Sie sind unbeweglich und bilden keine Sporen. Kokken können entweder einzeln auftreten oder als
  - **Diplokokken** jeweils zu zweit.
  - **Streptokokken** in fadenförmiger Aneinanderreihung.
- **Staphylokokken** in haufenförmiger Ansammlung.
- **Bazillen** (Stäbchenbakterien) wie Escherichia coli haben eine längliche, stäbchenförmige Gestalt.
- **Spirillen** zeigen ein gedrehtes, schraubenförmiges Äußeres.
- **Spirochäten** sind ebenfalls schraubenförmig, aber im Vergleich zu den Spirillen mit bis zu 0,25 mm ungewöhnlich lang. Sie bewegen sich korkenzieherartig, in Rotation versetzt durch geißelähnliche Filamente. Eine Untergruppe der Spirochäten bilden die gramnegativen **Treponemen**. Dazu gehört beispielsweise Treponema pallidum, der Erreger der Syphilis.
- **Vibrionen** sind gramnegative, bewegliche Stäbchenbakterien. Meist haben sie eine kommaförmig gekrümmte Gestalt und tragen eine Geißel. Zu den Vibrionen gehört z. B. Vibrio cholerae.

■ CHECK-UP
☐ Beschreiben Sie die Form von Kokken, Bazillen, Spirillen und Vibrionen.

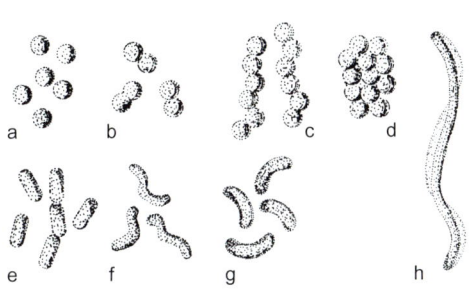

Abb. 6.1 Morphologische Formen der Bakterien: **a** Kokken, **b** Diplokokken, **c** Streptokokken, **d** Staphylokokken, **e** Bazillen, **f** Spirillen, **g** Vibrionen, **h** Spirochäten

6 Mikrobiologie

 Die Bakterienzelle

■ Unterschiede zur Euzyte

Bakterien sind **Prokaryoten**. Ihre Zellen sind einfacher aufgebaut als die der Eukaryoten. Die wesentlichen Unterschiede zeigt im Überblick ➔ Tab. 6.1.

Das deutlichste Unterscheidungsmerkmal zwischen Prokaryoten und Eukaryoten ist die Existenz eines abgegrenzten Zellkerns. Die Prozyte besitzt keinen eigenen Zellkern.

Die prokaryotische DNA liegt nackt, d. h. ohne Histone als ringförmiges Molekül im Zytoplasma vor. Die ringförmige DNA der Bakterienzelle wird als **Nucleoid** bezeichnet.
Die Gene der Bakterien weisen keine Introns auf, dementsprechend sind auch keine Enzyme zur DNA-Prozessierung vorhanden.
Die Zellen der Eukaryoten sind durch das Membransystem des endoplasmatischen Retikulums in voneinander getrennte Stoffwechselkompartimente unterteilt. In den Zellen der Prokaryoten existieren keine solchen inneren Membransysteme. Der gesamte Stoffwechsel der Zelle findet im Zytoplasma statt.
Prozyten besitzen keine Mitochondrien. Die Enzyme der Atmungskette sind an der inneren Schicht der Zellmembran lokalisiert.
Nahezu alle Prokaryoten besitzen an der Außenseite der Membran eine Zellwand mit spezifischer Struktur. Lediglich die **Mykoplasmen** sind eine Gruppe kleiner, zellwandloser Bakterien. Nicht alle Einzeller sind Bakterien. Die **Protozoen** bilden eine eigene Gruppe einzelliger Lebewesen. Sie besitzen im Unterschied zu den Bakterien einen Zellkern und zählen somit zu den Eukaryoten. Beispiele für Protozoen sind die Erreger der Malaria und der Schlafkrankheit.

■ Die Zellwand

Bei nahezu allen Prokaryoten schließt sich an der Außenseite der Zellmembran eine **Zellwand** an, die der Prozyte mechanische Stabilität verleiht.
Die Zellwand ist durchlässig für niedermolekulare Stoffe. Die Kontrolle des Stoffaus-

Tab. 6.1 Unterschiede des zellulären Aufbaus, der genetischen Struktur und des Stoffwechsels zwischen Zellen der Prokaryoten und Eukaryoten

	Prozyte	Euzyte
Größe	1–5 µm	5–100 µm
Aufbau	• Membran mit hohem Proteinanteil • Zellwand enthält Murein • Keine Zellorganellen • Keine Membransysteme im Zytoplasma	• Membran mit relativ geringem Proteinanteil • Enthält niemals Murein • Verschiedene Zellorganellen wie Mitochondrien, Golgi-Apparat, endoplasmatisches Retikulum, membranumschlossene Vesikel • Zytoplasma durch Membransysteme in Kompartimente unterteilt
Geißeln	Geißeln bestehen aus Flagellin	Geißeln bestehen aus Tubulin
Genom	• Ringförmige DNA (Nucleoid) im Zytoplasma • DNA „nackt" • Gene ohne Introns • DNA-Polymerase an der inneren Zellmembran	• Zellkern durch Membran abgegrenzt • DNA an Histone angelagert • Gene meist mit Introns • DNA-Polymerase im Zellkern
Proteinbiosynthese	• 70S-Ribosomen (30S + 50S) • Transkription und danach Translation der unveränderten mRNA	• 80S-Ribosomen (40S + 60S) • Transkription im Kern, Prozessierung der mRNA, Translation im Zytoplasma
Energiegewinnung	Enzyme der Atmungskette an der inneren Zellmembran lokalisiert	Enzyme der Atmungskette an der inneren Mitochondrienmembran lokalisiert

tauschs findet an der Zellmembran statt, die auch die osmotisch wirksame Barriere der Zelle darstellt.
Die Zellwand enthält immer die Substanz **Murein**. Die Mureinschicht ist aus langen Ketten glykosidisch verknüpfter Dimere aus N-Acetylmuraminsäure und N-Acetylglucosamin aufgebaut. Die Ketten sind durch Oligopeptide und Pentaglycine quervernetzt. Je nach Bakterienart unterscheiden sich die Oligopeptide und geben der Zellwand damit eine artspezifische Struktur. Die Vernetzung ergibt ein mehrschichtiges Geflecht, den **Mureinsacculus,** der die Zelle wie ein äußeres Skelett schützt. Die Außenseite der Skelettstruktur trägt noch weitere, für die jeweilige Bakterienart spezifische Moleküle.
Das Enzym Lysozym dient höheren Organismen zur Bakterienabwehr, es spaltet die glykosidische Bindung des Mureins und zerstört damit die Zellwand.

> Der Wirkungsmechanismus vieler Antibiotika beruht auf einer Störung der Zellwandsynthese und verhindert auf diese Weise die weitere Vermehrung der Bakterien. Penicillin unterbindet beispielsweise die Quervernetzung der Untereinheiten des Mureins.

Gram-Färbung

Eine wichtige Methode zur Typisierung von Bakterien ist die Gram-Färbung. Die Zellen werden zunächst violett gefärbt, danach wird der Farbstoff mit Alkohol ausgewaschen. Anschließend werden die Zellen rot gegengefärbt.

Grampositive Bakterien erscheinen im mikroskopischen Bild violett, **gramnegative** rot.

Grampositive und gramnegative Bakterien unterscheiden sich im Aufbau der Zellwand.
Gramnegative Bakterien besitzen eine zusätzliche **äußere Membran.** Diese Membran ist eine Lipiddoppelschicht. Sie ist außen auf die – im Vergleich zu grampositiven Bakterien **dünnere – Mureinschicht** aufgelagert (➔ Abb. 6.2).
Der violette Farbstoff wird in der **dickeren Mureinschicht** der **grampositiven** Bakterien festgehalten, sie bleiben auch nach der Alkoholbehandlung noch violett gefärbt. Bei den gramnegativen Bakterien gelingt dagegen die Entfärbung. Nach Gegenfärbung erscheinen sie dann rot.

> Die Gram-Färbung liefert eine wichtige diagnostische Prognose. Denn die äußere Membran der gramnegativen Bakterien stellt einen besonderen Schutz gegenüber der Immunabwehr des Wirtsorganismus dar. Gramnegative Bakterien sind wenig empfindlich gegenüber Lysozym, Detergenzien oder Penicillin.

Tab. 6.2 Gram-Färbung bekannter Bakterienarten

Grampositiv
• Bacillus anthracis
• Corynebacterium diphtheriae
• Clostridium perfringens
• Staphylococcus aureus
• Streptcoccus pneumoniae

Gramnegativ
• Haemophilus influenzae
• Escherichia coli
• Chlamydia pneumoniae
• Mycoplasma pneumoniae
• Neisseria meningitidis

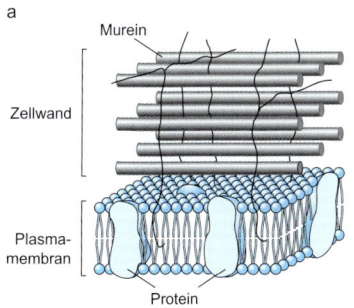 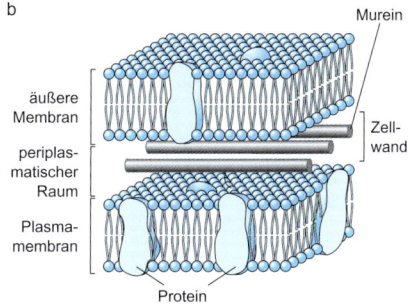

Abb. 6.2 Zellwand grampositiver **(a)** und gramnegativer Bakterien **(b)**

Penicillin beeinflusst nur wachsende Bakterien. Es wirkt am besten bei grampositiven Bakterien. Die Bakterien können ihre Zellwand nicht weiter vergrößern. Das Zytoplasmavolumen nimmt deshalb noch weiter zu. Es entstehen sogenannte **L-Formen.** Das sind Bakterien, denen ihre natürlicherweise vorhandene Zellwand fehlt bzw. die nur noch kleine Reste davon tragen. Die wandlosen Zellen werden als **Protoplasten,** wenn sie noch Zellwandreste tragen als **Sphäroblasten** bezeichnet.

Eine Infektion mit gramnegativen Bakterien ist meist kritischer als mit grampositive Arten. Die zweite Lipidschicht schützt die gramnegativen Bakterien vor dem Angriff durch das Immunsystem. Die äußere Membranschicht trägt Lipopolysaccharide, mit seltenen, zum Teil aberranten Zuckern. Bei der Auflösung der äußeren Membran durch die Immunabwehr des Körpers werden diese Lipopolysaccharide freigesetzt und wirken toxisch. Sie werden als **Endotoxine** bezeichnet, denn das Gift ist integraler Bestandteil des Bakteriums.

■ Geißeln und Pili

Etwa die Hälfte der Prokaryoten ist durch die Bewegung von **Geißeln** (Flagellen) zu einer gerichteten Fortbewegung fähig. Bakterien mit nur einer Geißel werden als **monotrich** bezeichnet, Bakterien mit mehreren Geißeln nennt man **polytrich.**
Auch die Anordnung der Geißeln ist ein Merkmal zur Einteilung der Bakterien:
- Monopolar: Geißeln an einem Zellende.
- Bipolar: Geißeln an beiden Zellenden.
- Peritrich: Geißeln über die ganze Oberfläche verteilt.

Die Geißeln der Bakterien unterscheiden sich im Aufbau grundlegend von den Geißeln eukaryontischer Zellen. Sie sind
- mit einer Länge von 10–20 µm wesentlich kleiner,
- bestehen aus dem Protein Flagellin und sind
- nicht mit Ausstülpungen der Zellmembran umhüllt.

Viele Bakterien tragen ähnlich wie Geißeln gebaute, aber sehr viel kleinerer Strukturen auf ihrer Oberfläche. Diese Anhangsgebilde werden **Pili** (lat: Haare; Singular: Pilus) oder **Fimbrien** (lat: Fransen) genannt.

■ Die Kapsel

Einige Bakterienarten, z. B. Pneumokokken, bilden schleimartige, klebrige Hüllen oder Kapseln. Diese **Kapseln** bestehen aus Polysacchariden und Polypeptiden, die viele Wassermoleküle binden können. Sie schützen die Bakterien vor der Phagozytose und erleichtern die Anheftung an ein Substrat. Die betreffenden Arten sind daher häufig besonders pathogen.

■ Das Nucleoid

Ein ringförmiges, doppelsträngiges DNA-Molekül trägt nahezu die gesamte genetische Information der Zelle. Die DNA befindet sich im Zytoplasma. Eine Kernmembran ist nicht vorhanden. Die DNA ist dicht gepackt und enthält keine Histone. Sie wird in dieser Form als Kernäquivalent oder **Nucleoid** bezeichnet.
- Das bakterielle Genom kodiert etwa 4.000 Gene.
- Die Gene der Bakterien enthalten keine Introns.
- Das Nucleoid wird ausgehend von einem einzigen Origin semikonservativ repliziert.
- Die DNA-Replikation verläuft fast 25-mal schneller als in eukaryontischen Zellen.
- Für die Funktion der Zelle ist nur ein einziges Nucleoid erforderlich. Unter Umständen können aber als Vorbereitung für künftige Zellteilungen bereits mehrere Nucleoide vorhanden sein.

Viele Bakterien besitzen zusätzlich noch weitere kleine, ringförmige vom Nucleoid unabhängige DNA-Moleküle, die nur wenige Gene tragen. Sie werden als **Plasmide** bezeichnet. Plasmide werden unabhängig vom Nucleoid repliziert. Die Zahl der in der Zelle vorhandenen Plasmide kann sich daher zeitweise ändern.

■ Sporen

Bakterien der Gattungen Bacillus und Clostridium können langlebige Dauerformen bilden, die als **Sporen** bezeichnet werden.
Die Sporenbildung erfolgt bei ungünstigen Umgebungsbedingungen, z. B. Nahrungsmangel. Die Sporen werden immer im Inneren der Bakterienzelle gebildet, sie werden deshalb auch **Endosporen** genannt.
Sporen weisen einen sehr stark reduzierten Stoffwechsel auf. In diesem Zustand kann das Bakterium mehrere Jahrzehnte und unter Umständen sogar noch weitaus länger überleben. Sporen sind sehr wasserarm. Sie sind unempfindlich gegenüber Trockenheit und hohen Tem-

peraturen. Sporen können Temperaturen über 100 °C tolerieren. Die dichte Sporenwand schützt sie vor aggressiven Chemikalien.

Verbessern sich die Umgebungsbedingungen, nimmt die Spore Wasser auf und wächst wieder zu einer vegetativen (belebten) Zelle.

■ CHECK-UP

- ☐ Nennen Sie zehn Merkmale in denen sich Prozyten und Euzyten unterscheiden.
- ☐ Wie ist die Zellwand der Bakterien aufgebaut?
- ☐ Worin unterscheiden sich grampositive und gramnegative Bakterien?
- ☐ Wie setzt sich das Genom der Bakterien zusammen?
- ☐ Welcher Vorteil für das Bakterium resultiert aus der Sporenbildung?

Bakterienwachstum

Stoffwechsel

Organismen lassen sich klassifizieren nach für ihren Stoffwechsel notwendigen Substraten, den Mechanismen der Energiegewinnung und ihrem Verhalten gegenüber Sauerstoff.

- **Autotrophe** Organismen benötigen lediglich anorganische Substanzen für ihren Stoffwechsel. CO_2 ist ihre Kohlenstoffquelle, die Energiequelle ist die Fotosynthese.
- **Heterotrophe** Organismen benötigen organische Moleküle wie Glukose als Kohlenstoff- und Energielieferanten.

Die meisten Bakterien sind auf organische Substrate angewiesen und führen keine Fotosynthese durch. Sie zählen somit zu den heterotrophen Organismen.

- **Obligat aerobe** (aerophile) Bakterien benötigen für ihren Stoffwechsel Sauerstoff. Der Sauerstoff ist für die Energiegewinnung in der Atmungskette erforderlich.
- **Obligat anaerobe** Bakterien gewinnen ihre Energie aus der anaeroben Glykolyse (Gärung). Sauerstoff ist für sie toxisch.
- **Mikroaerophile** Bakterien benötigen für ihre Vermehrung etwas Sauerstoff, stellen aber bei höheren Konzentrationen das Wachstum ein.
- **Fakultativ anaerobe** Bakterien können mit oder ohne Sauerstoff wachsen.

Wachstum und Vermehrung

Die Vermehrung einer Bakterienkultur folgt einer typischen Wachstumskurve, die in fünf Phasen unterteilt werden kann (→ Abb. 6.3):

- **Anlaufphase** (Lag-Phase): Die Bakterien adaptieren sich zunächst an die Umgebungsbedingungen.
- **Exponentielle Phase** (Log-Phase): Es findet ein exponentielles Wachstum statt. Die Wachstumsrate der Kultur ist in dieser Phase am höchsten, die Generationszeit am kleinsten.
- **Retardationsphase:** Die Abnahme der Nährstoffkonzentration und die Zunahme an toxischen Stoffwechselprodukten führen zu einer Verlangsamung des Wachstums.
- **Stationäre Phase:** Die Zellzahl der Population bleibt konstant, Verluste durch absterbende Zellen werden durch neuentstandene Zellen kompensiert.
- **Absterbephase** (Deklinationsphase): Zellen sterben durch Nährstoffmangel und toxische Produkte ab.

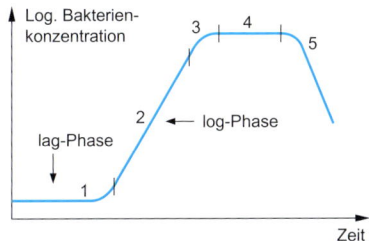

Abb. 6.3 Wachstum einer Bakterienkultur: **1** Anlaufphase, **2** exponentielle Phase, **3** Retardationsphase, **4** stationäre Phase, **5** Absterbephase

6 Mikrobiologie

■ CHECK-UP
☐ Nach welchen Kriterien wird der Stoffwechsel von Bakterien klassifiziert?
☐ Beschreiben Sie die Wachstumsphasen einer Bakterienkultur.

Pilze

Pilze (Fungi) sind Eukaryonten. Sie besitzen einen Zellkern mit Chromosomen und einer Kernmembran sowie Mitochondrien.
Die Zellen der Pilze haben Zellwände, die bei fast allen Pilzen aus Chitin bestehen.
Pilze sind **obligat heterotrophe** Organismen, sie sind nicht zur Fotosynthese fähig.
Die meisten Pilze sind vielzellige Organismen. Sie bestehen aus Zellfäden, den **Hyphen**. Die Hyphen bilden ein weit verzweigtes Netzwerk, das als **Myzelium** oder kurz **Myzel** bezeichnet wird.
Es existieren aber auch Pilzarten, die keine Hyphen und dementsprechend auch kein Myzel bilden.

Hefen sind einzellige, hyphenlose Pilze.

Viele mehrzellige Pilze reproduzieren sich durch Sporenbildung. Die Vermehrung erfolgt je nach Pilzart geschlechtlich oder ungeschlechtlich. Bei manchen Arten sind beide Wege möglich. Es werden diploide oder haploide Sporen produziert.

Pilzsporen dienen der Vermehrung. Sie sind daher von der resistenten Dauerform der Bakterien, den Bakteriensporen, zu unterscheiden.

Einzellige Pilze wie die Hefen vermehren sich durch Sprossung. An einer Mutterzelle bildet sich eine mit Zytoplasma gefüllte Ausstülpung, in die ein Zellkern einwandert. Schließlich schnürt sich daraus die Tochterzelle ab.
Pilze produzieren zahlreiche Substanzen, die als Antibiotika oder Toxine für den Menschen Bedeutung besitzen, z. B.:
- Penicillin
- Aflatoxin
- α-Amantin.
- Muskarin
- Ergotamin.

■ CHECK-UP
☐ Worin unterscheiden sich Hefen von anderen Pilzen?

Viren

Aufbau und Struktur
Viren (Virus, lat. Schleim, Gift) sind kleine, infektiöse Partikel, die alleine weder zu Wachstum noch zu eigenständiger Vermehrung in der Lage sind. Ihre Größe liegt zwischen 20 nm (Poliomyelitis-Virus) und etwa 300 nm (Mumps-Virus).
Viren benötigen zu ihrer Vermehrung eine Wirtszelle. Eine spezielle Gruppe der Viren, die **Bakteriophagen** oder kurz Phagen, nutzen Bakterien als Wirte.
Die genetische Information des Virus (→ Abb. 6.4) liegt in Form eines **Nucleoids** vor, das aus einzel- oder doppelsträngiger DNA oder aus RNA aufgebaut ist.
Das Nucleoid ist von einer Proteinhülle, dem **Capsid**, umgeben. Dieses setzt sich aus mehreren Untereinheiten zusammen, den **Capsomeren**. Nucleoid und Proteinhülle werden zusammen als **Nucleocapsid** bezeichnet.
Viren, die eukaryotischer Zellen infizieren, können darüber hinaus eine zusätzliche Hülle besitzen. Diese Virushülle ist als Lipiddoppelschicht aufgebaut. Darin sind Glykoproteine oder Lipoproteine als sogenannte Spikes **integriert,** mit

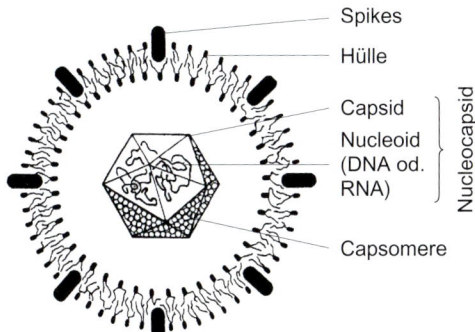

Abb. 6.4 Schematischer Aufbau eines Virus

denen das Virus an spezielle Oberflächenmerkmale seiner Zielzelle bindet.
Die Viren eukaryotischer Zellen werden nach folgenden Kriterien klassifiziert:
- Genom: DNA oder RNA, einzel- oder doppelsträngig.
- Form des Capsids: helikal, kubisch, polyedrisch oder komplexer.
- Vorhandensein oder Fehlen einer Hülle.
- Antigeneigenschaften.
- Zytopathische Effekte.
- Klinisches Krankheitsbild.

Vermehrung

Alle Viren benötigen eine Wirtszelle zu ihrer Replikation. Sie integrieren ihr eigenes Genom in das Genom der Wirtszelle und nutzen damit den Syntheseapparat der Zelle zur Produktion neuer Viren.
Die Viren eukaryotischer Zellen dringen komplett in die Wirtszelle ein und setzen im Inneren der befallenen Zelle ihr Genom frei. Der Replikationszyklus des Virus durchläuft folgende Stadien:
- **Adsorption:** Das Virus bindet über Rezeptoren an eine für die jeweilige Virusart spezifische Wirtszelle.
- **Penetration:** Das Virus wird in die Zelle aufgenommen, entweder aktiv durch Phagozytose bzw. Pinozytose oder durch Fusion seiner Hülle mit der Zellmembran.
- **Uncoating:** Das Capsid und ggf. die Hülle werden abgebaut. Das Genom des Virus wird freigesetzt.
- **Replikation:** Nachdem die viralen Gene in das Genom der Wirtszelle integriert wurden, repliziert der zelluläre Apparat die virale Nukleinsäure und synthetisiert virale Proteine.
- **Maturation** (Reifung): Aus den von der Zelle synthetisierten Bestandteilen setzen sich neue Viren zusammen.
- **Liberation** (Ausschleusung): Die neugebildeten Viren verlassen die Zelle, entweder durch Lyse der Membran und Zerfall der Zelle oder mittels Abschnürung aus der Zellmembran.

Die Gene des Virus werden als Provirus in das Genom der Zelle integriert. DNA kann direkt integriert werden. **Retroviren** enthalten ihre Erbinformation in Form von RNA. Das viruseigene Enzym **reverse Transkriptase** schreibt die RNA zunächst in DNA um, die dann in das Wirtsgenom integriert wird.
Die Infektion einer Zelle mit einem Virus lässt sich nicht mehr rückgängig machen. Infizierte Zellen werden vom Immunsystem erkannt und angegriffen.
Eine Therapie von Viruserkrankungen soll die weitere Vermehrung der Viren verhindern. **Virostatika** greifen an unterschiedlichen Stellen des viralen Reproduktionszyklus an:
- Adsorption des Virus an die Zellmembran.
- Uncoating.
- Blockade virusspezifischer Enzyme.
- Assemblierung des Virus aus seinen einzelnen Bausteinen.

■ CHECK-UP

☐ Beschreiben Sie den Aufbau eines Virus.
☐ Nennen Sie die Stadien des viralen Replikationszyklus.

Prionen

Prionen sind die kleinsten übertragbaren pathogenen Partikel. Der Name leite sich vom englischen Begriff Proteinaceous Infectious Particle ab. Bei Prionen handelt es sich also um **infektiöse Proteine**.

Der Mechanismus der Vermehrung von Prionen ist noch nicht vollkommen geklärt. Nach einer allgemein akzeptierten Hypothese stellt ein Prion die aberrante Variante eines normalen Proteins dar. Infiziert das Prion die Zielzelle, katalysiert es die Umwandlung des normalen zellulären Proteins in die Prion-Variante. In einer Kettenreaktion steigt die Zahl der Prionen sprunghaft an. Auf welche Weise das Prion dem normalen Protein die Konformationsänderung aufzwingt ist bisher unbekannt.

Prionen lösen bei Schafen die Krankheit Scrapie, bei Rindern die bovine spongioforme Enzephalopathie (BSE, „Rinderwahnsinn") aus. Ihre mögliche Rolle bei anderen degenerativen Gehirnerkrankungen wird diskutiert.

■ CHECK-UP

- ☐ Was ist ein Prion?
- ☐ Wie vermehren sich Prionen?

Und jetzt üben mit den wichtigsten IMPP-Fragen: http://www.mediscript-online.de/Fragen/Wenisch-Biologie_Kap06 (Anleitung zum Einloggen s. Buchdeckel-Innenseite)

7 Ökologie

Stoffkreisläufe

Die Gesamtheit aller Organismen in einem Biotop (Biozönose) einschließlich der abiotischen Faktoren der Umgebung wie Rohstoff- und Energiequellen bilden ein **Ökosystem.**
Innerhalb eines Ökosystems stehen die einzelnen Lebensformen in gegenseitigen Wechselbeziehungen.
Die **abiotische Umwelt** stellt anorganische Grundstoffe und die Versorgung mit Primärenergie zur Verfügung.
Produzenten erzeugen aus anorganischen Stoffen organische Verbindungen. Sie sind **autotrophe** Organismen, Grundlage ihres Stoffwechsels ist meist die Fotosynthese. Produzenten sind alle Pflanzen und Algen.
Konsumenten sind **heterotrophe** Organismen. Sie sind von der Syntheseleistung der Produzenten abhängig:
- **Primärkonsumenten** sind alle Herbivoren (Pflanzenfresser). Sie ernähren sich von den Produzenten.
- **Sekundärkonsumenten** sind Carnivoren (Fleischfresser). Ihre Nahrungsquelle bilden die Primärkonsumenten.

Destruenten sind ebenfalls heterotrophe Organismen. Ihre Energiequelle sind organische Abfälle, die sie wieder in ihre anorganischen Grundstoffe zerlegen.
In jedem Ökosystem finden ständig Energie- und Stoffumwandlungen statt. Die chemischen Elemente befinden sich in einem Kreislauf, sie werden ständig recycelt.

> Für jedes biologisch bedeutende Element, z. B. Kohlenstoff, Stickstoff, Sauerstoff, Mineralien und Spurenelemente, besteht ein **Stoffkreislauf.**

Nahrungskette

Im Stoffkreislauf eines Ökosystems wird Biomasse in mehreren Stufen aufgebaut. Es bildet sich eine **Nahrungskette:** (pflanzlicher) Produzent → (herbivorer) Primärkonsument → (carnivorer) Sekundärkonsument.
Die Nahrungskette kann sich noch weiter fortsetzen, mit ebenfalls carnivoren Tertiär- oder Quartärkonsumenten. Die Ernährungsstufen einer Nahrungskette werden auch **trophische Stufen** genannt.
Entlang der Nahrungskette findet ein Energiefluss statt. Beim Übergang von jeder Stufe auf die nächstfolgende wird Energie umgewandelt. Dabei wird der Energieinhalt der aufgenommen Nahrung auf der jeweils nächsten trophischen Stufe nur zu etwa 10 % wieder in Biomasse umgewandelt. Aufgrund der Energieverluste zwischen den trophischen Stufen haben Nahrungsketten nicht mehr als 4–5 Stufen.
Die Bilanz einer Nahrungskette lässt sich in Form einer ökologischen Pyramide darstellen. An der Basis der Pyramide stehen die Primärproduzenten und mit jeder weiteren Stufe verjüngt sich die Pyramide nach oben.
Die **Produktionseffizienz** eines Organismus ist das Verhältnis der in Biomasse umgesetzten Energie zur insgesamt assimilierten Energie. Sie ist abhängig vom Stoffwechseltyp, dem Verhältnis zwischen Körpermasse und Körperoberfläche sowie den Umgebungsbedingungen. So muss ein Kolibri im Verhältnis zu seiner Masse wesentlich mehr Nahrung aufnehmen als ein Elefant.

Populationsdynamik

Individuen der gleichen Spezies, die sich in einem gemeinsamen Lebensraum fortpflanzen bilden eine **Population.** Die Größe einer Population bleibt im zeitlichen Verlauf nicht konstant. Sie wächst durch Geburten oder Einwanderung weiterer Individuen in den gemeinsamen Lebensraum. Todesfälle oder Abwanderung reduzieren die Populationsgröße.
Die Populationsdichte wird durch verschiedene Faktoren begrenzt. **Dichteunabhängige Faktoren** sind externe Faktoren, die nicht von der Zahl der Individuen beeinflusst werden:
- Umweltbedingungen wie Klima und Bodenbeschaffenheit.
- Konkurrenz mit fremden Spezies um Nahrung und Lebensraum.

7 Ökologie

- Plötzlich auftretende Naturkatastrophen wie Überschwemmungen, Vulkanausbrüche etc.

Dichteabhängige Faktoren werden durch den gegenwärtigen Zustand der Population bestimmt:
- Intraspezifische Konkurrenz um Nahrung und Lebensraum.
- Sozialer Stress.
- Parasitenbefall und Verbreitung von Infektionskrankheiten.
- Vermehrung von spezifischen Fressfeinden durch erhöhtes Beuteangebot.

Es entsteht ein **Regelkreis,** bei dem die dichtebegrenzenden Faktoren dem weiteren Anwachsen der Population immer stärker entgegenwirken. So stellt sich ein **dynamisches Gleichgewicht** zwischen wachstumsfördernden und wachstumshemmenden Einflüssen ein und die Populationsdichte ändert sich nur noch geringfügig.

Wechselbeziehungen zwischen artverschiedenen Organismen

In jedem Ökosystem leben die verschiedenen Arten nicht voneinander isoliert, sondern sie teilen sich den gemeinsamen Lebensraum und befinden sich untereinander in ständiger Wechselwirkung. Eine solche Lebensgemeinschaft wird als **Biozönose** bezeichnet.

Das Zusammenleben der Organsimen kann unterschiedliche Formen annehmen:

Konkurrenz. Konkurrenz ist der Wettbewerb um einen Faktor wie Nahrung oder Lebensraum.

Symbiose. Symbiose bezeichnet das Zusammenleben zweier Arten mit gegenseitigem Nutzen. Sie haben sich durch lange Prozesse gegenseitiger Anpassung und Selektion entwickelt. Die Veränderung eines Symbiosepartners beeinflusst auch die Überlebenschancen des anderen.

Kommensalismus. Kommensalismus bedeutet in etwa Mitesser. Der Kommensale erhält oder nimmt sich Nahrung von seinem Wirt, ohne diesem zu nutzen. Er schädigt den Wirt aber auch nicht.

Parasitismus. Parasitismus ist die Nutzung eines Wirtsorganismus, bei der der Wirt geschädigt wird. Im Extremfall führt der Parasitenbefall zum Tod des Wirts. Ein Beispiel hierfür ist die lytische Vermehrung der Viren. Milben, Zecken, Flöhe und Läuse sind **Ektoparasiten,** sie leben auf der Oberfläche ihrer Wirte. **Endoparasiten** leben im Inneren des Wirtsorganismus, z. B. Würmer und Protozoen.

■ CHECK-UP

- ☐ Wie ist eine Nahrungskette aufgebaut?
- ☐ Welche Faktoren begrenzen das Wachstum einer Population?
- ☐ Nennen Sie vier Formen des Zusammenlebens verschiedener Organsimen.

Und jetzt üben mit den wichtigsten IMPP-Fragen: http://www.mediscript-online.de/Fragen/Wenisch-Biologie_Kap07 (Anleitung zum Einloggen s. Buchdeckel-Innenseite)

Register

A
AB0-Blutgruppensystem 54
Absterbephase 69
Adenin 37
Adsorption 71
Aktinfilament 20
Allel 52
Anaphase 26
Ankyrin 22
Anlaufphase 69
Antikodon 44
Antisense-Strang 42
Apoptose 34
Apozytose 13
Atmungskette 18
Autolysosom 15
Autophagie 15
Autosom 49

B
Bakterienstoffwechsel 69
Bakterienwachstum 69
Bakterienzelle 66
Bakteriophage 70
Bande-3-Protein 22
Barr-Körperchen 59
Basensubstitution 60
Basentriplett 44
Bazillen 65
Biozönose 74
Bivalent 30

C
Capping 42
Capsid 70
Capsomer 70
Cardiolipin 18
Carrier 6
Caspase 34
Chiasma 30
Cholesterin, Zellmembran 4
Chromatin 8
Chromosom 49
Chromosomenaberration 62
Chromosomenmutation 60
Clathrin 12, 13
Coated Vesicle 14
Coatomer 12
Code, genetischer 43
Connexin 5
Crossing Over 30

D
Deklinationsphase 69
Deletion 60, 61
Desmin 21
Desmocillin 6

Desmoglein 6
Desmosom 6
Desoxyribonukleinsäure (DNA) 37
Destruent 73
Diakinese 30
Diaster 26
Dictyosom 11
Diffusion 6
Diktyotän 30
Diplokokken 65
Diplotän 30
DNA
– Aufbau 37
– mitochondriale 16
– -Polymerase 39
– Reparatur 41
– Replikation 38
– Sequenzierung 46
Duplikation 47, 60, 61
Dynein 19
Dystrophin 22

E
Edwards-Syndrom 62
Ektoparasit 74
Element, repetitives 47
Endonuklease 41
Endoparasit 74
Endosom 13
Endospore 68
Endosymbiontentheorie 2, 17
Endotoxin 68
Endozytose 13
Enhancer 43
Enzephalopathie, spongioforme 72
Erbgang
– autosomal-dominanter 53
– autosomal-kodominanter 54
– autosomal-rezessiver 54
– X-chromosomal-dominanter 56
Erbkrankheit 52
Euchromatin 8
Eukaryot 1
Euzyte 1, 66
Exon 42
Exonuklease 41
Exozytose 12
Expressivität 52

F
Filialgeneration 52
Fimbrie 68
Flagellum 19
Flimmerhärchen 19
Fluid-Mosaic-Model 4
Frame-Shift-Mutation 60

Register

Fungus 70
Furchung 28
Fusion, zentrische 61

G
G0-Phase, Zellzyklus 24
G1-Phase, Zellzyklus 23
G2-Phase, Zellzyklus 24
Gamet 28
Gametogenese 32
Gap Junction 5, 35
Geißel 19, 68
Genetik, molekulare 37
Genfamilie 47
Genkartierung 46
Genmutation 60
Genomic Imprinting 58
Genotyp 52
Genpool 62
Gentransfer, horizontaler 47
Geschlechtsdifferenzierung 59
Gesetz, Mendel 52
Gleichgewicht, dynamisches 74
Glial Fibrillar Acidic Protein (GFAP) 21
Glukoneogenese 11
Glykokalix 4
Glykophorin 22
Golgi-Apparat 11
Gonosom 49, 59
G-Protein 36
Graaf-Follikel 33
Gram-Färbung 67
Guanin 37

H
Haplotyp 46
Hardy-Weinberg-Gleichgewicht 62
Hefe 70
Helikase 38
Hemidesmosom 6
Hemizygotie 52
Heterochromatin 8
Heterogenie 52
Heterolysosom 15
Heterosom 49
Heterozygotie 52
Histon 8
Homozygotie 52
Hydrolase, saure 15
Hyphe 70

I
Insertion 60
In-situ-Hybridisierung 46
Intermediärfilament 20
Interphase 24
Intra-Christae-Raum 18
Intron 42
Inversion 61
Ion 35

K
Kanalprotein 6
Kapsel, Bakterium 68
Kartierung
– genetische 46
– physikalische 46
Karyogramm 49
Karyohexis 34
Karyolyse 34
Karyoplasma 6
Karyotyp 49
Katalase 16
Keimbahnmutation 60
Keimzellbildung 32
Keratin 21
Kernhülle 7
Kernlamina 7
Kernlokalisationssignal 7
Kern-Plasma-Relation 3
Kernpore 7
Kernpyknose 34
Kinase, zyklinabhängige 24
Kinesin 19
Kinetochor 19
Klinefelter-Syndrom 62
Kodon 44
Kokken 65
Kommensalismus 74
Konduktor 52
Konkurrenz 74
Konsument 73
Kontrollpunkt, Zellzyklus 24
Kopplungsgruppe 46

L
Lag-Phase 69
Lamina 7
Lamin 21
Langdon-Down-Syndrom 62
Leitstrang 39
Leptotän 29
Leserasterverschiebung 60
Liberation 71
Ligase 39, 41
Log-Phase 69
Lyon-Hypothese 59
Lysosom 15

M
Maturation 71
Meiose 28
– 1. Reifeteilung 29
– 2. Reifeteilung 31
Membranprotein 5
Membrantransportprotein 6
Membranzytoskelett 22
Mendel-Gesetz 53
Metaphase 25
Metaphasenkontrollpunkt 24
Metaphasenplatte 26

Mikrobiologie 65
Mikrobody 16
Mikrofilament 20
Mikrotubuliorganisationszentrum (MTOC) 19
Mikrotubulus 19
Mikrovillus 20
Minus-Strang 42
Mitochondrium 16
Mitose 25
– Anaphase 26
– Index 28
– Metaphase 25
– Prometaphase 25
– Prophase 25
– Telophase 26
Mitose-Promotor-Faktor 24
Mitosespindel 25
MN-Blutgruppensystem 54
Monaster 26
Mongoloismus 62
Monosomie 61
Mosaik, genetisches 59
Motorprotein 19
M-Phase, Zellzyklus 24
Murein 67
Mureinsacculus 67
Mutation
– induzierte 60
– Keimbahn- 60
– somatische 60
– spontane 60
– stille 60
Mykoplasmen 66
Myzel 70
Myzelium 70

N
Na+/K+-Pumpe 6
Nahrungskette 73
Nekrose 34
Neurofilament 21
Neurotransmitter 35
Non-Disjunction 32
Normalallel 51
Nucleocapsid 70
Nucleoid 68
Nucleolus 7
Nucleolus Organizer Region (NOR) 8
Nucleus 6
Nukleinbasenpaar 37
Nukleosom 8
Nukleotid 37

O
Okazaki-Fragment 39
Oogenese 33
Oogonie 33
Oozyt 33

Organismus
– autotropher 73
– heterotropher 73
Origin 39

P
Pachytän 30
Parasitismus 74
Parenteralgeneration 52
Pätau-Syndrom 62
Penetranz 52
Penetration 71
Peptidhormon 35
Perinuklearzisterne 7
Peripherin 22
Peroxisom 16
Phage 70
Phagolysosom 15
Phagozytose 14
Phänokopie 52
Phänotyp 52
Phosphatase, saure 15
Pilus 68
Pilz 70
Pinozytose 14
Plasmid 68
Pleiotropie 52
Plus-Strang 42
Polkörperchen 33
Polyadenylierung 43
Polygenie 52
Polymorphismus 51
Polyploidie 61
Polysom 10, 45
Populationsdynamik 73
Populationsgenetik 62
Porin 18
Prägung, genomische 58
Primärkonsument 73
Primer 39
Prion 72
Produktionseffizienz 73
Produzent 73
Prokaryot 1
Prometaphase 25
Promotor 42
Prophase 25
Proteinbiosynthese 16, 43
Protoblast 3
Protofibrille 21
Protofilament 21
Protoplast 68
Prozyte 1, 66
Pseudogen 47
Pseudopodium 14
Pyrimidin-Dimer 41

R
Reduktionsteilung 29
Regelkreis 74

Register

Reifeteilung 28
Replikation 38
– Virus 71
Replikationsblase 40
Replikationsgabel 38
Replikon 39
Residualkörper 15
Retardationsphase 69
Retikulum, endoplasmatisches 10
Retrotransposon 47
Retrovirus 71
Rezeptor
– enzymgekoppelter 36
– G-Protein-gekoppelter 35
– ionengekoppelter 35
Ribonukleinsäure (RNA) 37
Ribonukleoprotein 9
Ribose 38
Ribosom 9
RNA
– -Polymerase 42
– Aufbau 38
– Prozessierung 42
Robertson-Translokation 61

S
Satellit 49
Second Messenger 35
Sekundärkonsument 73
Sense-Strang 42
Signalkaskade 35
Signalmolekül 35
Signalrezeptor 35
Signaltransduktion 35
Silencer 43
Spalt
– intrazellulärer 5
– synaptischer 35
Spaltungsgesetz 53
Spektrin 22
Spermatogenese 32
Spermatogonie 32
Spermatozyt 32
Sphäroblast 68
S-Phase, Zellzyklus 23
Spirillen 65
Spirochäten 65
Spleißen 43
Spleißmutation 43
Spore
– Bakterium 68
– Pilz 70
SRY-Gen 59
Stachelsaumvesikel 14
Staphylokokken 65
Startkodon 44
Stereozilium 20
Steroidhormon 35
Stoffkreislauf 73

Stoppkodon 44
Streptokokken 65
Stufe, trophische 73
Symbiose 74
Synapsis 30
Synaptonemal-Komplex 30

T
Teilung, differenzielle 32
Teilungsfurche 28
Telolysosom 15
Telophase 26
Template-Strang 42
Terminator 42
Testis Determining Factor (TDF) 59
Tetrade 30
Thymin 37
Tight Junction 5
Transfer-RNA (tRNA) 44
Transkriptase, reverse 71
Transkription 42
Transkriptionsfaktor 43
Translation 44
Translokation 61
Transport
– aktiver 6
– passiver 6
Transposon 47
Transzytose 15
Treponemen 65
Trinukleotidwiederholung 60
Triplettexpansion 60
Triple-X-Syndrom 62
Trisomie 61
Tubulin 19
Tyrosinkinase-Rezeptor 36

U
Ullrich-Turner-Syndrom 62
Unabhängigkeitsgesetz 53
Uncoating 71
Uniformitätsgesetz 52
Urazil 38

V
Vibrionen 65
Vimentin 21
Virostatikum 71
Virus 70

W
Wachstumsfaktor 36
Wildtyp 51

X
X-Inaktivierung 59
XYY-Syndrom 62

Z
Zelle 1
Zellkern 6

Zellmembran 3
Zelltod 34
Zellwand 66
Zell-Zell-Kontakt 35
Zellzyklus 23
Zentralspindel 28
Zentrosom 19
Zilium 19
Zitratzyklus 18
Zonula adhaerens 5

Zygotän 30
Zygote 33
Zyklin 24
Zytokeratin 21
Zytokinese 28
Zytoplasma 9
Zytosin 37
Zytoskelett 18
Zytosol 9
Zytosom 3